21世紀の
自動車産業戦略

黒川 文子 ■著

税務経理協会

　　　　　　　　　は　し　が　き

　本書を公刊することになった背景は，先に上程した「製品開発の組織能力」中央経済社2005年刊，の中心論題のその後の展開を是非とも世に問いたい気持ちから発している。

　前著では，主に自動車産業の製品開発の川上の部分に焦点が合わされており，この度は，川下の部分を中心に論じた。すなわち，川下とは本文における，受注生産システム，サプライチェーン・システム，企業の社会的責任，コーポレート・ガヴァナンス，環境問題，補論での企業経営システムの背後に存在する制度などを指している。これらは，製品開発にあたって今日では，是非とも熟慮しなければならない事項である。製品開発の組織能力は，これら川下までを考慮したネットワークの構築にあるというのが私の一貫した視点である。ここでは，フランスの自動車メーカーの例も含めているが，主にわが国自動車産業を中心に扱っている。フランスの自動車メーカーの議論は，わが国では決して多くはないが，本書では，補論を含めて論じている。フランスの事情を少しでも御理解いただければ，幸いである。

　税務経理協会　峯村英治書籍企画部部長には，本書の出版企画の段階から最後まで様々な面で御世話になった。ここに御礼を申しあげる次第である。

　平成20年1月

　　　　　　　　　　　　　　　　　　　　　　　　　　　黒川　文子

目　　次

はしがき

第1章　わが国自動車産業のＩＴ化と組織能力 …………………… 11
　　　　－製品開発と受注生産を中心にして－

1　はじめに……………………………………………………………… 11
2　自動車産業におけるＩＴ化………………………………………… 12
　(1)　製品開発におけるＩＴ化 …………………………………… 14
　(2)　ネットワーク効率 …………………………………………… 16
3　わが国の自動車メーカーの製品多様性…………………………… 18
4　ディーラーの販売方式の変遷と販売形態の国際比較…………… 21
　(1)　ディーラーの販売方式の変遷 ……………………………… 21
　(2)　自動車の販売形態の国際比較 ……………………………… 23
5　トヨタの受注生産システム………………………………………… 27
　(1)　需要予測 ……………………………………………………… 28
　(2)　生産計画の立て方 …………………………………………… 29
　(3)　情報システムの面から見た受注生産体制 ………………… 30
6　三菱自動車とマツダの受注生産…………………………………… 33
　(1)　三菱自動車の受注生産 ……………………………………… 33
　(2)　マツダの受注生産 …………………………………………… 34
7　おわりに……………………………………………………………… 35

第2章　受注生産サプライチェーンを効率化する製品アーキテクチャ …… 41

  1　はじめに………………………………………………………… 41
  2　受注生産の現状と課題………………………………………… 41
    (1)　わが国自動車メーカーの生産および販売状況……………… 41
    (2)　受注生産サプライチェーン……………………………………… 46
  3　受注生産と製品アーキテクチャ……………………………… 49
    (1)　部品サプライヤーの管理と製品差別化………………………… 49
    (2)　製品差別化の意思決定を遅らせる製品アーキテクチャ……… 50
    (3)　生産の管理と製品差別化……………………………………… 55
  4　おわりに………………………………………………………… 59

第3章　自動車産業における効率的なサプライチェーン ……… 63

  1　はじめに………………………………………………………… 63
  2　効率的なサプライチェーンに関する先行研究のレビュー………… 64
  3　リスク・シェアリングのケース・スタディ………………………… 68
  4　情報システムのオープン化…………………………………… 70
  5　価格調整と数量調整に関するケース・スタディ………………… 72
    (1)　トヨタグループと日産グループの価格調整…………………… 72
    (2)　デンソーの数量調整…………………………………………… 77
    (3)　デンソーの納入体制…………………………………………… 82
  6　トヨタグループと日産グループにおける電装部品サプライチェーンの比較……………………………………………………… 89
  7　おわりに………………………………………………………… 94

目　　次

第4章　ルノーの国際的展開－ＣＳＲ戦略を中心として－ ……… 99

1　はじめに……………………………………………………………… 99
2　持続可能性報告書の報告対象組織の境界………………………… 101
3　格付機関によるルノーのＣＳＲ評価……………………………… 105
　(1)　ＳＡＭによるルノーのＣＳＲ評価 ………………………… 105
　(2)　OEKOMによるルノーのＣＳＲ評価 ……………………… 106
　(3)　VigéoによるルノーのＣＳＲ評価 …………………………… 106
4　ルノーの国際展開とＣＳＲ………………………………………… 109
　(1)　米国への進出 ………………………………………………… 110
　(2)　発展途上国への進出 ………………………………………… 111
　(3)　ルノーの国際展開と社会的側面 …………………………… 114
5　メキシコにおけるヨーロッパ多国籍企業のＣＳＲ比較………… 117
6　ルノーメキシコのＣＳＲ…………………………………………… 122
7　おわりに……………………………………………………………… 125

第5章　社会環境問題と製品開発 …………………………………… 129

1　はじめに……………………………………………………………… 129
2　環境に対する企業の姿勢…………………………………………… 131
3　環境目標の達成……………………………………………………… 134
　(1)　環 境 目 標 …………………………………………………… 135
　(2)　ライフサイクル・アセスメント（ＬＣＡ）………………… 136
　(3)　解体性評価 …………………………………………………… 139
　(4)　リサイクル率 ………………………………………………… 139
　(5)　有害物質含有 ………………………………………………… 141

第6章　自動車メーカーとサプライヤーの取引関係の変遷と
　　　　今後の展望－製品開発を中心として－ ……………………… 147

 1　はじめに………………………………………………………… 147
 2　欧米の自動車メーカーによる日本の製品開発方式の学習……… 149
  (1)　クライスラー………………………………………………… 150
  (2)　フィアット…………………………………………………… 151
  (3)　ルノーと日産………………………………………………… 153
 3　製品開発における自動車メーカーと部品メーカーの
  取引関係の国際比較……………………………………………… 154
  (1)　自動車メーカーと部品メーカーの資本関係 ……………… 155
  (2)　サプライヤーの選択 ………………………………………… 156
  (3)　管理された競争 ……………………………………………… 157
  (4)　価格設定 ……………………………………………………… 158
  (5)　利益共有と原価企画 ………………………………………… 159
  (6)　情報共有 ……………………………………………………… 161
 4　取引関係における新しい環境要因 …………………………… 164
  (1)　モジュール化 ………………………………………………… 164
  (2)　ネット化 ……………………………………………………… 166
 5　おわりに………………………………………………………… 167

補論　フランスの企業と経営 ………………………………………… 173

 1　フランスの経済発展…………………………………………… 173
  (1)　第1次国有化…戦間期（1919～1939年）………………… 173
  (2)　第2次国有化…第2次世界大戦後の改革期 ……………… 174
  (3)　第3次国有化（1981～1982年）…ミッテラン政権による国有化 ……… 175

　　　　　　　　　　　　　　　　　　　　　　　　　　目　　次

　　⑷　シラク政府の民営化…………………………………………… 175
 2　フランスの教育，雇用および労使関係…………………………… 177
　　⑴　フランスの教育…………………………………………………… 177
　　⑵　フランスの雇用…………………………………………………… 178
　　⑶　フランスの労使関係……………………………………………… 180
 3　フランス企業の経営………………………………………………… 181
　　⑴　フランスの同族企業……………………………………………… 182
　　⑵　フランスの中小企業……………………………………………… 182
　　⑶　フランス企業の経営管理………………………………………… 184
 4　フランス自動車産業の発展と再編成……………………………… 186
 5　フランス大企業の強みと弱み……………………………………… 189
 6　おわりに……………………………………………………………… 195

参 考 文 献……………………………………………………………… 197
初 出 一 覧……………………………………………………………… 205
索　　　引……………………………………………………………… 207

21世紀の自動車産業戦略

黒川　文子　著

第1章

わが国自動車産業のIT化と組織能力
―製品開発と受注生産を中心にして―

1　はじめに

　わが国の自動車産業は，すでに成熟産業化している。限られたパイの中で業績を伸ばしていくには，多様化する顧客ニーズに積極的に対応していかなければならない。このため，自動車メーカーは様々な車種仕様を短期間で開発し，部品メーカーや販売店と連携して受注から納車までをさらに迅速化し，いかなる顧客ニーズも関係部門にフィードバックして業務に生かすことが必要になってきている。現在，自動車産業では情報技術の活用が進展しており，製品開発，部品の調達，生産，販売，マーケティングという自動車メーカーの経営活動全体の最適化にこの技術が貢献している。

　本章では，最初に，情報技術がいかに自動車メーカーの活動を効率的に変えたのかを製品開発を中心に考察する。次に，製品開発で生み出された多くの車種仕様を，顧客はどのように選択するのか，そして販売店はどのような対応をしているのかを検討する。さらに，自分仕様の車を注文する顧客に対して，自動車メーカーは受注生産で対応することになるが，その生産体制がどのようになっているかを国際比較する。

　ケース・スタディとして，わが国の自動車メーカーの中で，図表1－1のように国内シェア1位，世界シェア3位を誇り，優れた経営を行っているトヨタを主に取り上げ，具体的にどのような受注生産体制を採用しているのかを見て

図表1－1　世界主要メーカーの生産台数

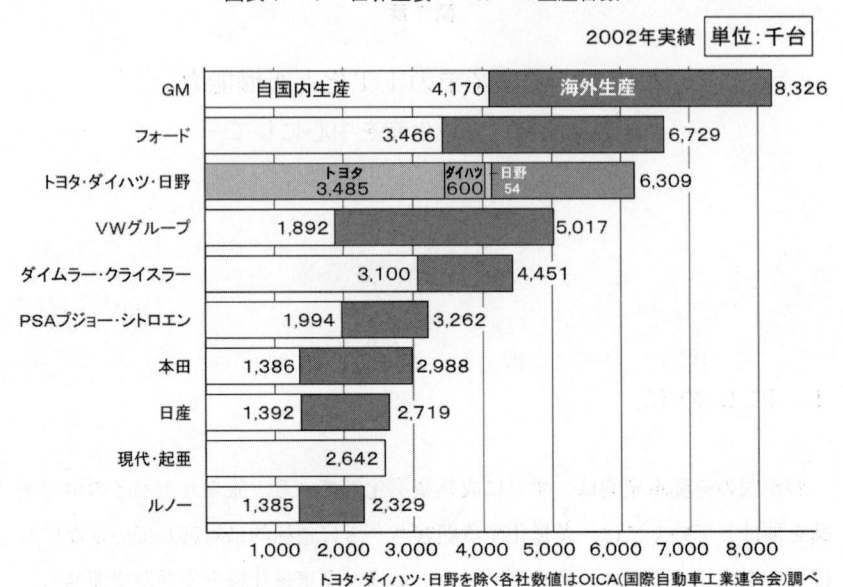

2002年実績　単位：千台

メーカー	自国内生産	海外生産	合計
GM	4,170		8,326
フォード	3,466		6,729
トヨタ・ダイハツ・日野	トヨタ 3,485 / ダイハツ 600 / 日野 54		6,309
VWグループ	1,892		5,017
ダイムラー・クライスラー	3,100		4,451
PSAプジョー・シトロエン	1,994		3,262
本田	1,386		2,988
日産	1,392		2,719
現代・起亜			2,642
ルノー	1,385		2,329

トヨタ・ダイハツ・日野を除く各社数値はOICA（国際自動車工業連合会）調べ

（出所）　TOYOTA COMPANY PROFILE，4ページ。

いき，今後の自動車メーカーの競争優位について考察をする。

2　自動車産業におけるＩＴ化

　まず，自動車メーカーの開発，生産，販売を検討する前に，これら活動全体に，情報システムがいかなる影響を及ぼしているのかを考察する。わが国の2003年の企業間電子商取引額は77兆4,000億円である。そのうち，自動車産業の取引額は28兆円で，全産業中１位である。また，自動車産業での取引額のうち，57％がすでに電子商取引（ＥＤＩ）で行われている[1]。

　自動車産業において他の産業より早くＥＤＩが普及したのは，一般的に自動車メーカーと部品メーカー間での設計・開発，部品調達・納入が迅速に行われる必要性が高かったからである。自動車産業の情報および価値やサービスの流れは，図表1－2のようになっている。顧客ニーズに関する情報の流れは，販

第1章　わが国自動車産業のIT化と組織能力

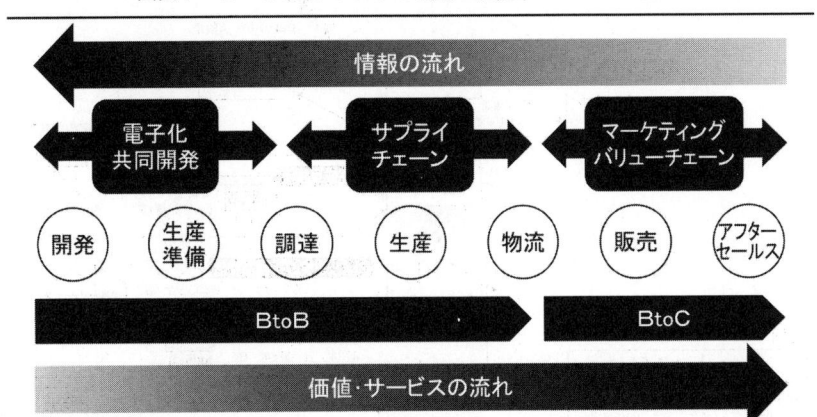

図表1－2　SCM[2)]による情報と価値・サービスの流れ

```
┌─────────────────────────────────────────┐
│ ← 情報の流れ                              │
│  電子化      サプライ    マーケティング    │
│  共同開発    チェーン    バリューチェーン  │
│ 開発 生産準備 調達 生産 物流 販売 アフターセールス │
│        BtoB                BtoC           │
│        価値・サービスの流れ →              │
└─────────────────────────────────────────┘
```

（出所）http://www.jama.or.jp/it/info_standard/info_standard_8.html

売，生産，調達というように川下からさかのぼり，物の流れはそれとは逆方向に流れる。問題は，情報の流れに「物の流れ」が即応していないことである。たとえば，「こういう自動車がほしい」という顧客情報を把握して，すぐさまそれを開発に生かし，生産し，納車できれば良いのだが，それは不可能である。開発に数年，生産，納車に数日というように，「モノづくり」や物流には，一定の時間が必要となる。

　自動車産業の複雑な物流では情報システムが発達しており，納入品の場所と時間を指定したり，輸送の最適ルートを探索してくれる。たとえば，1998年と1999年のトヨタの物流状況を見てみると，図表1－3のように，仕入先，工場，集荷センター，物流センター，部品センター，代理店，販売店等の間を，1日に何回も多くのトラックやトレーラーが部品や完成車を載せて走り回っているのが把握できる。情報の流れは一瞬であるが，それに対応した物流では，多くの時間とエネルギーが消費されている。

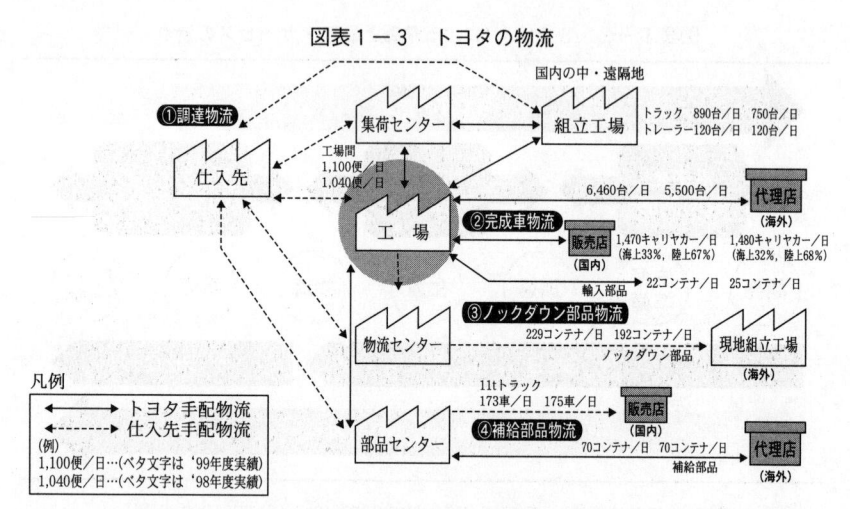

図表1−3　トヨタの物流

（出所）　TOYOTA Environmental Report 2000, p.52

(1) 製品開発におけるIT化

　製品開発において，自動車メーカーとサプライヤー間のCAD[3]データの交換が大きな役割を果たしている。CADデータはコンピュータ上のデータであり，実際に製品を作り出すためには，金型を作成する必要がある。CAM[4]システムは，CADデータをもとにして，NC工作機械を動作させるための制御データを作り出し，金型の作成に使われる。

　CAD/CAM導入以前は，図面に基づいて多くの実物模型が作られていた。自動車メーカーがCADシステムの導入を開始したのは70年代から80年代前半である。しかし，当時のデータ交換は社内に限定されており，部品メーカーとは磁気テープなどによるデータ交換が行われていた。90年代の初めから，オンラインによる自動車メーカーと部品メーカー間のCADデータの交換が本格化してきた。自動車の設計を3次元CADで行うと，実際には成立しない形状や部品同士の干渉検査，強度の解析，製品容積や重量の確認，製品形状評価等が可能になり，さらには衝突や空気抵抗，騒音などもシミュレーションできる。

　デジタル化されたCAD/CAMデータは，これまで設計→試作→解析→評

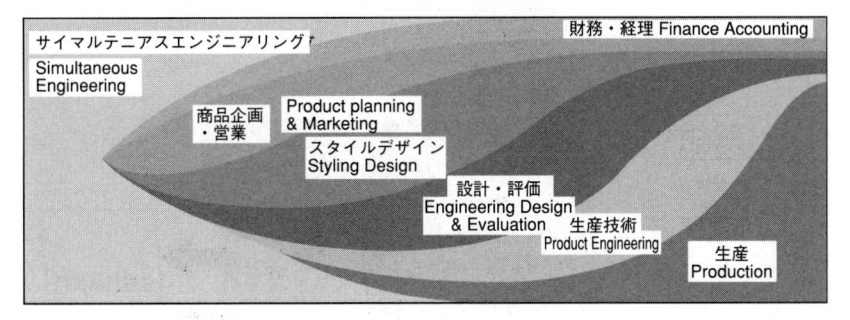

第1章　わが国自動車産業のIT化と組織能力

図表1－4　トヨタのコンカレント・エンジニアリング

```
サイマルテニアスエンジニアリング↑    財務・経理 Finance Accounting
Simultaneous
Engineering
              商品企画  Product planning
              ・営業   & Marketing
                     スタイルデザイン
                     Styling Design
                          設計・評価
                          Engineering Design
                          & Evaluation   生産技術
                                         Product Engineering
                                                  生産
                                                  Production
```

（出所）OUTLINE OF TOYOTA TECHNICAL CENTER 2004, p. 8

価→型作製というように，各工程で個別に入力・処理されていたデータを一元化した。これによって，関連するプロジェクト・メンバーが同時並列的に仕事をするコンカレント・エンジニアリング[5]（またはサイマルテニアス・エンジニアリングとも言われる）を可能にした。

　トヨタは「ノウハウ・データベース」を持っており，設計する上で避けるべきことと，するべきことがチェックできるようになっている。これによって，最初から品質を設計に組み込むことができる[6]。図表1－4は，トヨタのコンカレント・エンジニアリングの概念を図式化したものである。コンカレント・エンジニアリングの導入により，設計・開発スピードは飛躍的に向上し，自動車の開発期間の短縮に貢献している。

　トヨタでは現在，業界標準CADである「CATIA」を使っているが，当初は，自社で独自に開発したCADシステムを使っていた。プレス金型の解析には，力が集中する場所を色別に表示するというようなローテクの解決策を採用したりして，非常に使い勝手の良いものであった。欧米の大メーカーは日本のメーカーに先駆けて最新のCADシステムを導入したが，新車の開発期間は組織能力の高い日本の後塵を拝していた[7]。製品開発の期間は，最新の情報技術を導入するだけでなく，組織能力も高くなければ，抜本的に短縮化されないのである。トヨタの独自開発のCADは，次第に時代遅れになっていき，ついに「CATIA」を導入したが，これにも，トヨタは自社の製品開発プロセスに

15

図表1－5　トヨタの新製品開発プロセスと組織構造

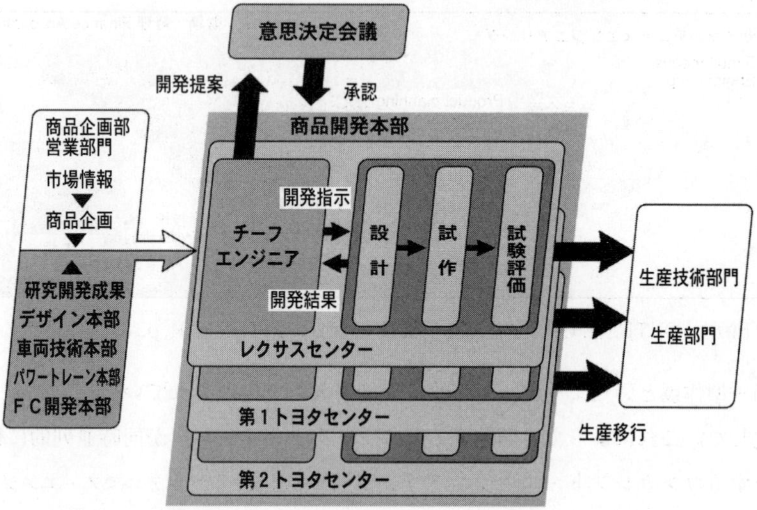

(出所)　TOYOTA COMPANY PROFILE, 12ページ。

適合するように，随所に手を加えている[8]）。

　コンカレント・エンジニアリングが行われている組織構造を，トヨタの新製品開発組織を例にとって見てみると，2004年現在，車種によって図表1－5のように3つのセンター（レクサスセンター，第1トヨタセンター，第2トヨタセンター）に分かれている。チーフエンジニア（ＣＥ）は，社会，顧客，新技術，生産設備，販売，サービスをすべて考慮した上で，市場が求めている新車の開発プロジェクトに責任を負う。リーダーのタイプには様々な種類があるが，トヨタのＣＥは学習する開発組織を作り上げている。また，ＣＥ自身も，製品開発の詳細な知識を持っており，単に組織を管理したり調整するリーダーではない。トヨタの開発センターの役割は，ＣＥのリードの下に遂行されている開発を支えることである。

(2)　ネットワーク効率
　製品開発におけるＩＴ化は目覚しく，それに伴って自動車メーカーは最適な

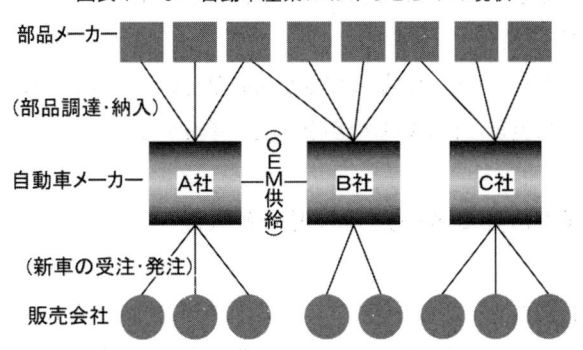

第1章　わが国自動車産業のＩＴ化と組織能力

図表１－６　自動車産業におけるＥＤＩの現状

部品メーカー

（部品調達・納入）

自動車メーカー　　Ａ社　　Ｂ社　　Ｃ社
　　　　　　　　（ＯＥＭ供給）

（新車の受注・発注）

販売会社

（出所）http://www.jama.or.jp/it/info_communication/info_communication_2.html

　組織構造を構築しようとしている。わが国の自動車産業では，系列内取引が主であり，長期取引を前提に，サプライヤーは自動車メーカーと同様のＣＡＤシステムを導入してきた。サプライヤーは特定の自動車メーカーに対して，図表１－６のように企業特殊的投資を行う必要があったのである。しかし，近年，サプライヤーが複数の自動車メーカーと取引を行うケースが増加している。しかし，自動車メーカーとサプライヤー間で異なるＣＡＤシステムを用いた場合には，データ変換が必要になる。自動車の設計で製品形状を伝達する時，曲面の精度や誤差が問題となる。この誤差の取り扱いが各ＣＡＤシステムで異なると，正しく受け取れない場合があるからである。たとえば，送り手側のＣＡＤシステムでソリッドモデルの辺と曲面とのギャップがあった場合，受け手側のＣＡＤシステムの許容できる範囲でなければソリッドモデルにはならない。
　こうした自動車メーカーと部品メーカーとの間でのＣＡＤデータ交換時のトラブルによる損失は，最低でも年間約25万件，損失金額は年間約71億円，損失リードタイムは１件当たり約1.5日と，非常に重大な問題となっている（2001年８月試算[9]）。そのため，「エッジ間のすき間」や「面の折れ」などの評価項目において，どのような値にすれば問題が発生しないかという基準値が設けられている。

以上で、自動車産業の製品開発における情報技術導入のメリット、デメリットを考察してきた。

さて、このように効率的になってきた製品開発から生み出される新車は、顧客にどのように捉えられているのかを、次に考察する。

3 わが国の自動車メーカーの製品多様性

わが国の自動車メーカーの多くは、コンパクトカーから高級車までの多くの車種を生産し、フルライン戦略をとっている。図表1－7は1990年代初頭の、わが国の自動車メーカー主要5社が保有している乗用車と小型トラックの車種数をx軸にとり、エンジン型式数をy軸にとったものである。トヨタの車種数は51あり、同社はわが国の自動車メーカーの中で最も製品が多様化している。2002年には、トヨタでは60車種に増加している。

次に、トヨタの車種仕様数（車種仕様とは、エンジン、ボディー、オプション、カラーなどの項目）で見ると、1984年から1990年にかけて、図表1－8が示すように6年間で約2倍に増加している。たとえば、1984年の総仕様数は約19,000種であるが、1仕様数当たりの販売台数は7.9台である。1990年の総仕様数は37,000種に増加したが、1仕様数当たりの販売台数は、6.2台と逆に低減している。トヨタは、大量に車を生産しているが、中身は多品種少量生産である。

さらに詳しく見ると、1990年に、年間に1台しか販売していない仕様は、全販売台数の10%近くを占めている。一方、年間50台超売れる仕様は、全販売台数の45%を占める。つまり、ヒットする仕様とヒットしない仕様が2極化しているのである。

このような結果を受けて、1990年に、トヨタは車型・部品種類を削減する目標を立てた。製品の多様化によって、生産効率が蝕まれつつあったからである。分析すると、1車種につき、車型を8割に削減しても、それで需要の95%を満たせることがわかった。また、部品を7割に削減しても、需要の90%以上を満たせることもわかった[10]。つまり、顧客満足度に影響を及ぼさずに削減できる

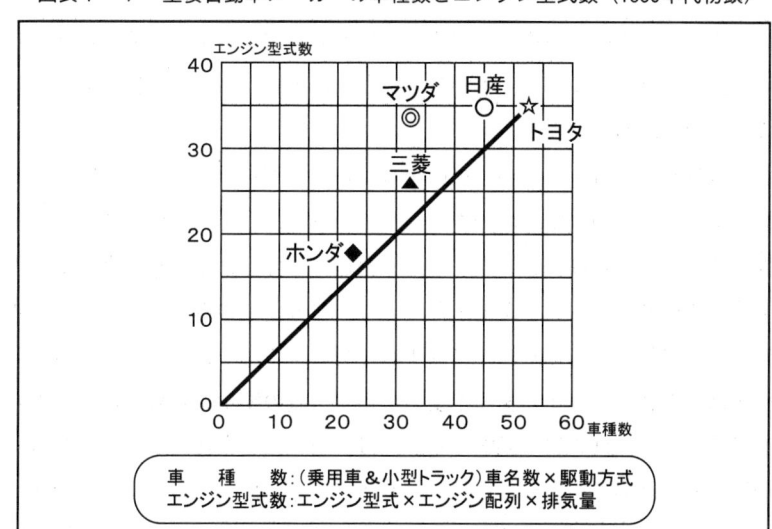

第1章 わが国自動車産業のＩＴ化と組織能力

図表1－7　主要自動車メーカーの車種数とエンジン型式数（1990年代初頭）

車　種　数：(乗用車＆小型トラック)車名数×駆動方式
エンジン型式数：エンジン型式×エンジン配列×排気量

（出所）　日野三十四著『トヨタ経営システムの研究』ダイヤモンド社，2002年，221ページ。

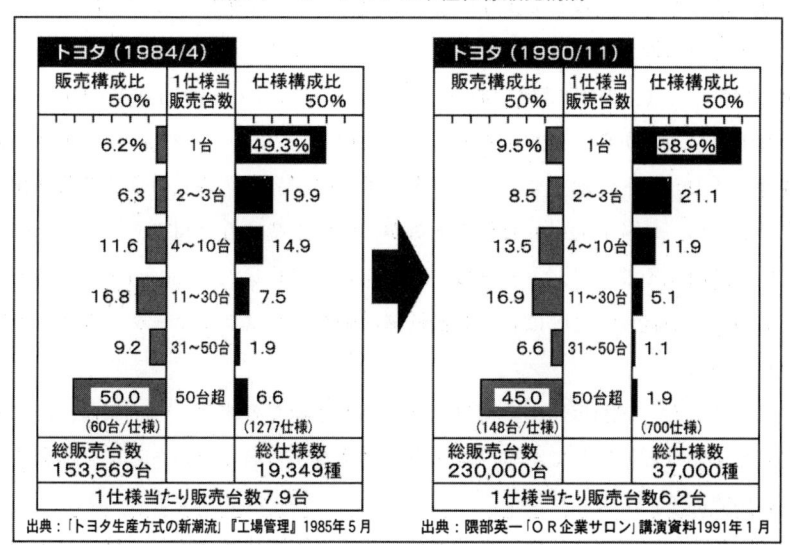

図表1－8　トヨタの車種仕様販売構成

トヨタ（1984/4）			トヨタ（1990/11）		
販売構成比 50%	1仕様当販売台数	仕様構成比 50%	販売構成比 50%	1仕様当販売台数	仕様構成比 50%
6.2%	1台	49.3%	9.5%	1台	58.9%
6.3	2～3台	19.9	8.5	2～3台	21.1
11.6	4～10台	14.9	13.5	4～10台	11.9
16.8	11～30台	7.5	16.9	11～30台	5.1
9.2	31～50台	1.9	6.6	31～50台	1.1
50.0	50台超	6.6	45.0	50台超	1.9
(60台/仕様)		(1277仕様)	(148台/仕様)		(700仕様)
総販売台数 153,569台		総仕様数 19,349種	総販売台数 230,000台		総仕様数 37,000種
1仕様当たり販売台数7.9台			1仕様当たり販売台数6.2台		
出典：「トヨタ生産方式の新潮流」『工場管理』1985年5月			出典：隈部英一「ＯＲ企業サロン」講演資料1991年1月		

（出所）　日野三十四著『トヨタ経営システムの研究』ダイヤモンド社，2002年，223ページ。

バリエーションが存在している。バブル崩壊前は，車の設計が過剰になりすぎていたことは，明白である。過剰設計が車の製品開発および製造コストをも高めていたのである。これは，車種数ではなく，1車種当たりの仕様数が多すぎることに問題があった。

製品の多様化に対する顧客の反応を見ると，1990年代，選択に消費する時間とエネルギーを嫌い，結局は基本パッケージ車の選択をするケースが多かった。21世紀に入ってからは，インターネットを駆使して，自分仕様の車を1から作り上げてオーダーする顧客が増加してきた。自分仕様の車をオーダーする顧客に対して，自動車メーカーは，受注生産で対応することになる。ところが，受注生産は，顧客からのオーダーを受けてから生産の準備を始めるため，車の納期が長くなる。それを嫌う顧客に対しては，販売機会を逸することもあろう。

受注生産の納期を短くするには，これまで考察してきたように，車種仕様を需要の多いものだけに絞り込み，製品の多様性を制限することも1つの手段であるが，部品の少数化（部品共通化，部品一体化，部品標準化）も1手段である。トヨタは，他社と比較して少ない部品点数で多くの車種仕様を作り出しており，共通化能力に優れている。1990年代になって，セダンからミニバンやＳＵＶへ顧客がシフトし，国内では全販売台数に占めるミニバンやＳＵＶの比率は，1991年の14.4％から，1998年の51％へと急増している。しかし，このように顧客ニーズのシフトが起きても，トヨタは多くの部品を，多くの車種で共通化しているため，コスト的にも有利であるが，受注生産にも有利である。部品の標準化，汎用化を前提に，トヨタは，2000年からＣＣＣ21 (Construction of Cost Competitiveness21)[11]と呼ばれる原価低減活動も，サプライヤーを巻き込んで実施している。

ホンダでも，1993年発売のアコードや1995年発売のオデッセイには，従来の部品を50％ほど使用しており，コストを抑えながら商品力のある車を開発した良い例である。

1980年代の自動車メーカーの共通部品比率を国際比較すると，日本は平均的に低い傾向にあった。おおよそ，日本が20％，ヨーロッパが30％，アメリカが

40%であった。日本の自動車メーカーは，モデル専用部品が多く，高い商品力を構築していたとは言え，コスト高になっていたのである。しかし，バブル崩壊後に開始された部品共通化活動により，その比率は1990年代後半には約40%にまで高まった[12]。

現在，わが国の自動車メーカーは，受注生産をすばやく行う必要性にせまられている。そのためには，生産体制を調整する以外に，これまで考察してきたように，製品の多様性を抑制したり，部品共通化活動を行うことも解決策となる。自分仕様の車にそれほど興味を持たない顧客には，これまで通り，在庫押し出し販売や，標準パッケージ車の販売も継続していくであろう。

次に，これらの様々な顧客に対応している販売店では，どのような販売方法をとってきたのか考察し，さらに，自動車の販売形態の国際比較をする。

4 ディーラーの販売方式の変遷と販売形態の国際比較

(1) ディーラーの販売方式の変遷

1970年代は，自動車販売店では顧客獲得のために，各家庭への飛び込みセールスが行われた。販売後も，次も同社の車を買ってもらい，さらには新規顧客を紹介してもらうために，営業マンは顧客との関係を維持した。営業マンは，上司から「足で稼げ」，「車を売るのではなく，まず自分を売れ」と教育された。顧客にとっても，インターネットが利用できない時代は，セールスマンとの会話から直接情報を仕入れるのは，意味のあることだった。

1990年代になると，営業マンの飛び込みセールスはほとんど行われなくなった。現在は，従来のような人海戦術では人件費ばかりかかり，多様な顧客ニーズに対応できないことがわかり，店頭での応対が主になってきた[13]。トヨタでは，特定の営業スタッフの顧客が来店しても，店頭では組織的に誰でも応対するように教育されている。

納車においても，これまでは営業マンが「納車」し，下取り車を引き取っていたが，今では，顧客が来店して自分で車に乗って帰るようになってきている。

販売方式に対する顧客の反応を見てみると，顧客は販売店での営業方法に不満を抱いている。たとえば，「ショールームに行けば，セールスマンがすぐ寄ってきて，じっくり見られない」，「住所を聞かれる」，「情報もディーラー側に都合の良い情報に限られる」，「在庫品を売ろうとする」，「自分の望む車を探してほしい」という不満や要望が出てきている。

また，新車購入時は，値引き交渉に時間と労力がかかり面倒なものだが，それをしないと損をすると顧客は考えている。実際に値引き率は，軽乗用車で10％，ラージクラスで10.8％，ジープタイプで7.6％，スモールクラスで15％，平均では12.1％である[14]。自動車の生産では徹底的に無駄をなくしているが，販売ではまだ値引き交渉という無駄が存在しており，当業界の不透明なイメージを創り出している。しかし，この値引き交渉を積極的に利用しようとする顧客層もいる。

セールスマンとの交渉，駆け引きを好む層には，中年男性が多い。それを面倒だと考えている層には，若者や女性が多い。値引き交渉を避けたいと考える層には，異なった購買プロセスを提供する必要がある。たとえば，販売店よりも低いインターネット価格を設定し，それ以上値引きしないことをルールにするのも一案であろう。

インターネットを使った販売方式で成功している例としては，Y世代[15]向けに，ネットを使ったトヨタの「サイオン」という新たなマーケティング手法がある。トヨタでは北米市場を有望な成長市場と位置付け，若者層をターゲットとして販売強化を狙っている。「サイオン」では，2003年から新しく2車種「ｘA」「ｘB」を，2004年からは「ｔC」を販売している。40種類以上のパーツを自由に組み合わせて，自分仕様の車をオーダーできることが若者の関心を引き，販売を伸ばしている。このうち70％以上がトヨタの新規顧客であり，若者層をうまく取り入れることにトヨタは成功した。これは，販売方法を変えて，新規顧客獲得に成功した例である[16]。

国内では，トヨタは会員制（無料）車関連情報サービスのGAZOOを導入し，提携しているコンビニなどの端末と連携してサービスを提供している。以上の

ように，インターネットによる販売やサービスは，営業マンとの交渉を敬遠する顧客にとって，良い代替サービスとなる。さらに受注生産にも適したツールとなる。

現在，特定のディーラーにロイヤルティを感じている高齢者層のように，既存のディーラーを望む顧客もいれば，一方では，価格や車のデザイン，性能を重視し，幅広く情報を集めるために，インターネットを活用する顧客もいる。そのため，将来も，車の販売方法は1つに絞らずに，顧客層別に多様化させておく必要があろう。

(2) 自動車の販売形態の国際比較

自動車メーカーの販売形態をドイツ，アメリカ，日本で比較すると，一般的に次のような3タイプ[17]に分類することができる。

1. 顧客は多くのオプションを選択できるが，納期が長い…受注生産型（ドイツの高級車メーカー型）
2. 顧客は多くのオプションを選択できるが，納期は比較的短い…在庫販売と受注生産の混合型（日本型）
3. オプションが少なく，納期が短い…在庫販売型（アメリカ型）：自動車メーカーは「見込み生産」を行い，最終製品の在庫を一定量だけ店舗におき，顧客はそこから選んで買っていく。

以下で，この3タイプを，納期がいかに重要であるかという視点から考察していく。

(i) 受注生産型（ドイツの高級車メーカー型）

顧客の要望に合った車を販売するには，見込み生産よりも，顧客が仕様を決めた上で生産する受注生産のほうが適切である。商品力のある車も，顧客の望む色やエンジン，オプションを装備できなければ，新車開発の効果が下がってしまう。ただ，受注生産型は，納期が長いのが欠点である。ヨーロッパでは，受注から納車まで平均48日かかる[18]。この納期の長さをカバーするための演出を，ドイツの高級車メーカーは良く心得ており，顧客を数か月待たせても文句

を言わせない。たとえば，フォルクスワーゲンの高級車「フェートン」の組立工場では，顧客は自分の注文した自動車がラインオフするのをバーで飲みながら待つことができる。そして，自動車を受け取ると，お祝いのセレモニーが行われ，顧客は自分で運転して帰る。このように，納期が長くても，顧客は自分だけの仕様の車を製造してもらい，車ができあがるのを待つこと自体を喜びとし，受け取ることも記念とすることができるため，不満がそれほど出てこないのである。

(ⅱ) 在庫販売と受注生産の混合型（日本型）

在庫販売と受注生産の混合型における課題は，受注生産での納期をいかに短くするかということである。というのは，在庫販売に慣れた顧客が，受注生産の納期を長く感じてしまうからである。

わが国における注文から納車までの顧客許容リードタイムは，以下のようになっており[19]，1か月が限度と思われる。

  1週まで 顧客の13%
  1～2週 顧客の27%
  2～4週 顧客の25%
  4週以上 顧客の33%

顧客は，受注生産に対して様々な願望，たとえば，「納期を知りたい」，「オプションは多くほしい」，「注文後の簡単な仕様変更を認めてほしい」というものを持っている。

しかし，ディーラーでも，受注生産に対し，次のような否定的なイメージを持っている。「顧客は買おうとする車の明確なコンセプトを持っていない」，「オプションの組み合わせに手間と時間がかかる。それよりも，在庫を早く売りたい」，「納期回答は，メーカーも明確に確約できないため，ディーラーでも困る」というものである。

また，メーカー側でも，「生産効率を高めるために，生産の平準化を重視したい。そのためには，ある程度の見込み生産を維持する必要がある」と考えている。

このように，受注生産に対して，顧客，ディーラー，メーカーの3者はある程度の不満を持っている。しかしながら，生産効率の良い見込み生産を行っても，在庫が積み上がり，ディーラーへの販売奨励金と値引き販売によって問題解決しなければならなくなる。したがって，自動車メーカーは，効率的な受注生産システムを構築することが必要であろう。次に，現在，受注生産はどのように行われているかを把握する必要があろう。

　日本では，「多品種多仕様生産」が行われており，トヨタでは70年代から受注生産を実施している。販売されるトヨタ車のうち，受注生産比率が60％，物流センターまたは他のディーラーから取り寄せた車が6％，ディーラー保有在庫車が34％を占めると言われている。完成車在庫は，2000年にディーラー持分が20日前後であり，メーカー持分は，JITを行っているトヨタではゼロである。受注から納入までの期間は，平均的に以下のようになっている[20]。

　　受注→顧客…21〜31日
　　（受注→ディーラー…14〜21日）
　　（ディーラー→顧客…7〜10日）

　わが国の自動車産業の生産体制は，まず，長期需要予測による生産体制の準備から始まる。自動車メーカーの生産計画は，計画期間を半年〜1年半の「大日程計画」，1〜3か月の「中日程計画」，1〜10日の「小日程計画」の3段階で立てられることが多い。日程計画は，見込み生産にとって全ての基礎となる。このような見込み生産に受注生産を組み込んでいくのである。「顧客の注文による受注生産」では在庫は出ない。しかし，「ディーラーの注文に応じた生産」では，ディーラーが見込みで発注して在庫を販売しているため，在庫が出る。したがって，販売の末端では，売れるだけ作るというジャストインタイムにはなっていない[21]。これが，「値引き慣行」[22] や，「新古車」問題[23] を引き起こしている。

　自動車メーカーは生産計画を立てると，部品メーカーを選定し，協力関係を構築する。部品メーカーも予測に基づく製品計画を立て，製造リードタイムの長いシートなどは，納入指示によってすぐに納品できるように部品在庫を持つ

図表1－9　メーカーと販売店との「生販統合システム」におけるＣＡＬＳ例

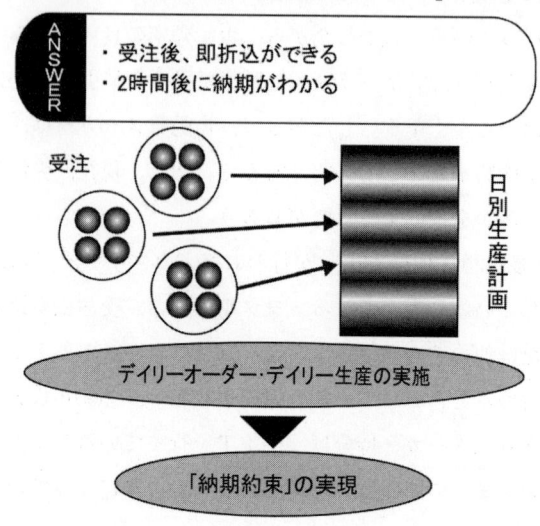

- ANSWER
  - ・受注後、即折込ができる
  - ・2時間後に納期がわかる

受注 → 日別生産計画

デイリーオーダー・デイリー生産の実施

↓

「納期約束」の実現

（出所）http://www.jama.or.jp/it/info_communication/info_communication_2.html

ことになる。

　受注生産の場合は，顧客とのインターフェース・システムを構築する必要がある。量販店と差別化したネット販売専用モデルを提供したりして，商品選びの楽しさを味わってもらうように工夫している自動車メーカーもある。

　しかし，近年，顧客ニーズの多様化と情報システムの発展により，受注生産比率が向上してきている車種もある。将来は，生産と販売の統合システムによって，図表1－9のような完全なデイリーオーダー・デイリー生産の受注販売に近い形で，顧客に車を届けることが目指されている。

　（ⅲ）　在庫販売型

　アメリカでは在庫販売型をとる。自動車メーカーが生産計画に基づいて生産した車を，そのまま「押し出し販売方式」で売ることになる。アメリカでは，自動車は「足」代わりであり，顧客の多くは仕様よりも，燃費や価格に敏感である。販売店の在庫は平均60日分であり，在庫スペース確保にコストがかかっ

ている。アメリカでは，受注から納車まで最短で40日，平均すると50～70日かかる。したがって，在庫生産から注文生産への移行は，まだまだ難しく，在庫生産の合理化を図って，在庫水準を30日分にするのがまず課題であろう[24]。

しかし，顧客が販売店に置いてない仕様の車を希望した時は，多くの販売店の在庫の中から，その仕様に該当する在庫を探し出し，ディーラー間で交換し合うことになる[25]。

以上3タイプ見てきたように，受注生産の比率は，国や地域によって異なるが，主に次のような様々な要因が影響を及ぼすと思われる。すなわち，受注生産の比率が高くなるのは，工場の製造能力（部品メーカーの製造能力を含む）が高く，車種仕様が多く，汎用部品の比率が高いため多くのバリエーションの組み合わせが比較的短納期でできる時であり，また，人気モデルで納期が長くても顧客が待ってくれる時である。したがって，受注生産の比率の高低には，製品開発，生産，販売のすべての部門の業務が関わっている。

受注生産の納期は長くなるが，待つことのできる納期は最終的には顧客が決めるものである。待つことのできる時間は，製品により，国により，そして年齢や性別により異なる。

ドイツでは日本よりも納期が長いが，顧客はそれを待つことができる。日本の顧客は，それほど納期に対して寛容ではないため，自動車メーカーは納期を短くしなければならない。

トヨタを例にとって見れば，受注生産システムがうまく機能する鍵を探ることができよう。

5　トヨタの受注生産システム

受注生産では，顧客の需要予測と生産計画が基礎となり，そこに実際の顧客からの発注を組み入れていくことになる。以下では，トヨタの受注生産システムを考察するにあたって，(1)需要予測，(2)生産計画の立て方，(3)情報システムの面から見た受注生産体制の視点から検討していくことにする。

(1) 需要予測

トヨタで販売の神様と呼ばれる神谷正太郎のことばに,「一にユーザー,二にディーラー,三にメーカー」26) というものがある。これは,トヨタの顧客第一主義を顕著に表している。トヨタは,顧客の意見,評価を真摯に受け止め,図表1－10のように営業,生産,技術部門で迅速に対応している。たとえば,新車に関する顧客評価情報を,直接,顧客から得ると同時に,販売店を通しても品質情報などが関係部門に伝えられる。トヨタの「お客様関連部」では,顧客からの相談,指摘が2002年度は,約20万件も寄せられている27)。新車の外観,内装,装備に関する顧客情報は,メーカー・ショールームの「アムラックストヨタ」で収集されており,データベース化して,開発や営業部へフィードバックされている。各販売店へは,顧客の関心や疑問を衛星端末を通じて流している。トヨタのウェブサイトでは,若者にアピールする車の種類や特徴をトレースし,それを製品開発にフィードバックしている。

その他に,J.D.Powerなどの第三者機関の調査結果や,仕入先の協力による間接的な情報の収集も,同様に行われている。

以上のように,トヨタは顧客情報を種々のソースから直接的,間接的に収集

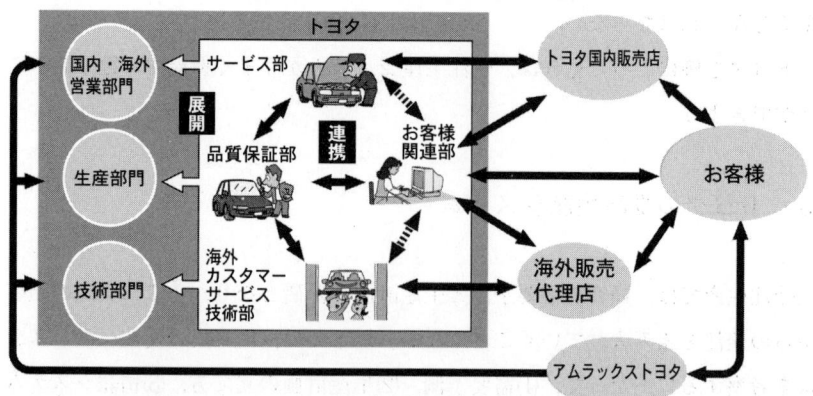

図表1－10　トヨタの顧客対応概念図

（出所）　TOYOTA Environmental & Social Report 2003, p.66.

し，それらの情報を関係部門で共有している。このような情報の共有によって，顧客の要望が新車開発に生かされ，また生産計画に生かされるのである。

(2) 生産計画の立て方

図表1－11で示されているように，顧客情報やディーラーの年間販売計画を考慮に入れて，トヨタの年間生産計画が決定される。さらに，それを基にして，月々の生産を平準化するようにしてトヨタの月間生産計画が決定される。トヨタはモデル別および車型別生産をどの工場で生産するかを決めて，サプライヤーに部品の納入量の指示を出す。サプライヤーは，この指示に基づいて，当該月の生産準備に入る。

一方，ディーラーは月間販売計画を達成するために販売活動を行う。ディーラーがトヨタから引き取る車両には，顧客がついていないために，販売店で一時的に在庫となる車も出てくる。トヨタは，車種別月間生産計画の固定と，それに対するディーラーの引き取り責任を課している。

実際に顧客が仕様を選択した上でディーラーが受注した車は，「デイリー変更」によって，トヨタの日々の生産計画に組み込まれ，生産の順序が決定され

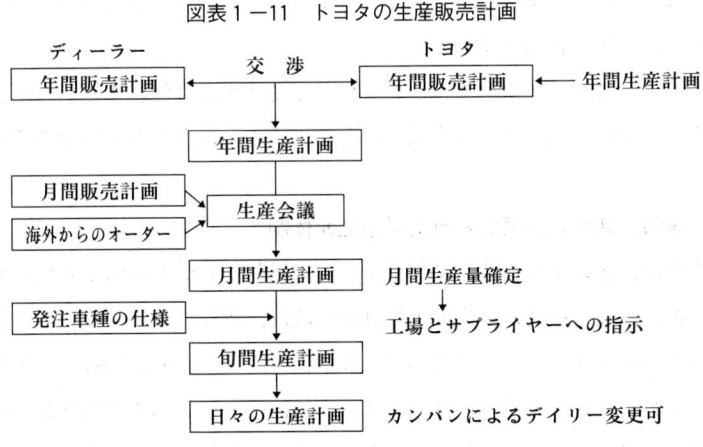

図表1－11　トヨタの生産販売計画

(出所)　尾高煌之助・都留康編『デジタル化時代の組織革新』有斐閣，2001年，125ページ。

ていく。生産計画の変動幅は各仕様の装備1アイテムにつき上下10％であり，生産の3日前まで仕様変更できる[28]。この変動幅の制限によって，トヨタは生産効率と部品内示精度を維持している。

　以上のように，生産計画は，年度から徐々に，月，旬，日程へと詳細になっていき，最終的に確定されるのだが，この過程で，生産計画は可能な限り，実際の需要に近づけることができる。

　さて，トヨタでは受注生産を「オーダーエントリーシステム」と呼び，ある程度，在庫生産を前提にした車両受注管理方式をとる。顧客から受注するたびに，在庫生産計画を一部変更するシステムである。言い換えれば，「受注変更」[29]生産方式とも言える。顧客の要望もある程度反映させて，生産側の制約条件とのバランスをとっているシステムである。

　生産側の制約条件とは，組み立ての工数の平準化である。すなわち，組み立ての工数の多い車種は，組立工を増やす代わりに，その車種と別車種を混流生産することによって生産を平準化する。そうすれば，増員する必要がなくなり，生産コストは低下するのである。

　販売店では，コンピュータによる発注が行われており，納期は約3週間であるが，目標は5日[30]である。注文はコンピュータで制御されているトヨタ生産システムに直接，組み込まれる。

　わが国の自動車メーカーでは，在庫生産と受注生産は混在する。ただ，メーカーごとに受注生産の比率の高低と，受注生産の納期が異なるのである。

(3) 情報システムの面から見た受注生産体制

　ここでは，トヨタの受注生産体制を，特に情報システムの面から検討する。まず，顧客からの注文は，生産工程計画へ流れ，次に部品メーカーへの指示につながる。組み立てにおける部品納品には，ＪＩＴ（Just in Time）システムが機能しており，オンラインの部品メーカーに部品の納入場所が通知される。

　サプライヤーはトヨタの生産情報システムと直結しており，ＪＩＴに必要な情報に自動的にアクセスできる。カンバンシステムは，現在，紙からＩＴベー

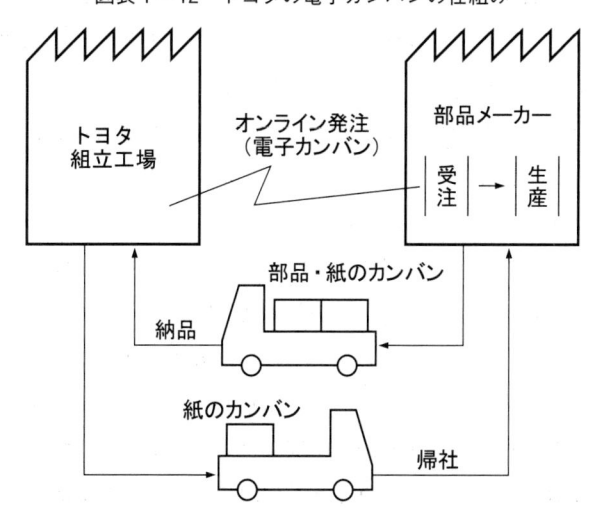

第1章 わが国自動車産業のIT化と組織能力

図表1－12 トヨタの電子カンバンの仕組み

(出所) 池原照雄『トヨタvs.ホンダ』日刊工業新聞社，2002年，207ページ。

スになっている。トヨタ九州工場に「電子」カンバンが最初に導入され，1998年以降は，全工場に「電子」カンバンが「ヨコ展開」された。図表1－12に示されているように，紙のカンバンでは，トヨタの組立工場からトラックで運ばれて部品メーカーに届くまでに時間がかかっていた。それを電子化することによって，リアルタイムに生産指示が伝わるようになり，部品メーカーの在庫が低減した。しかし，現在も紙のカンバンが併用されている。というのは，生産の進み具合やラインのトラブル状況が，紙カンバンの滞留具合を見れば，即時に把握できるからである。

受注生産の場合，組み立てスケジュールは，通常，生産の約3～4日前に決定され，トヨタは部品メーカーに「部品納入内示表」を発行する。組立工場では顧客の注文に応じたシャシー，パワートレイン，ボディが確実に1箇所に集められるが，どの車も異なっており，1つとして同じ車はない。そのため，リアルタイムのデータ管理が必要となる。トヨタはどの時点でも，各組立車が，生産プロセスのどの位置にあるかを把握できている。このリアルタイム・システムは，サプライヤーにとっても自社の生産計画に柔軟性を与え，生産計画変

更に対応可能となる。しかし，これを実現するためには，サプライヤーがトヨタ専用のIT投資をする必要があり，この中には，供給ルートを設定し調整するための物流ナビゲーション・システムも含まれる。

　以上のように，トヨタは，生産スケジュールを通知するために，部品メーカーとネットワークで接続しているが，部品メーカーは設計エンジニアリング・プログラムにはアクセスできない。組み立てられる車については，サーバがそれぞれの車について最善の生産場所を決定し，生産が始まる3日前に，前述のように，オンラインの部品メーカーに部品の納入場所を通知する。第1次サプライヤーは同じようなシステムを持っていて，2次サプライヤーへ通知する。このように，トヨタと部品サプライヤー1,250社とは，イントラネットで結ばれている[31]。トヨタ専用のIT投資は，取引企業が増えるにつれてネットワーク外部性が生まれるが，あくまでトヨタ系列内でのメリットである。

　トヨタのコンピュータは，毎日，翌日に生産される車のIDナンバーを指定する。生産ラインでは，車に設置されたIDタグを通じた情報交換によって，ロボット[32]や自動機が稼働することになる。作業員は張り紙の「車両生産指示」を見て，ライン脇の部品箱から適切な部品を選択して，組み付けていく。

　製造後には，トヨタはどのサプライヤーが，どの車のどの部品を生産したのかわかるデータベースを持っている。これによって，製品保証，保険，クレーム，修理の際の特定部品のトレースを可能にしている。

　トヨタのITグループは，情報システムがサプライチェーン全体でうまく機能しているかどうか確認することを目的に，部品メーカーと定期的に会合を開いている。トヨタの情報システムは，このように精巧にできているが，1台当たりのITシステムのコストは約1万円（1998年試算）である。これは，工場渡し価格の平均1〜1.5％に相当する[33]。この額は，それほど大きなコストではなく，それよりも組織や生産効率，技術の優位性におけるベネフィットの方が大きい。

　次に，受注生産のケースとして，三菱自動車とマツダを取り上げて，受注生産の成功または失敗要因を探っていくことにする。

6　三菱自動車とマツダの受注生産

(1) 三菱自動車の受注生産[34]

　三菱自動車では「コルト」(2002年11月発売)に，受注生産を導入しており，これはカスタマーフリーチョイス（ＣＦＣ）と呼ばれている。顧客は，ほぼ全ての装備（エンジン，駆動方式，ホイール，内外装の色，シート形状など約30種類）について自由に組み合わせて，カスタマイズすることができる。最終スペックは，理論上10億通りある。三菱自動車は基本仕様車を3タイプ（Elegance, Casual, Sport）に設定しているが，これで対応できないスペックにも，ＣＦＣでは対応可能である。

　この受注生産では，情報システムが変更された。従来の注文方法は，顧客の注文を販売店で艤装コードに変換して三菱自動車に情報を流していた。今回は，艤装コードを廃止し，新たに情報システムを構築して，顧客の注文をそのまま三菱自動車に流しており，よりシンプルでスピーディになった。

　ディーラーの注文方法には，マンスリーオーダーとデイリーオーダーがある。マンスリーオーダーは，見込み発注であり，デイリーオーダーは顧客の注文を受けてから発注する。ＣＦＣはデイリーオーダーで行われる。三菱自動車も，月間生産計画，旬間生産計画，製造日程計画があり，生産日の5日前までなら仕様（色，オプション，型式）が変更可能である。生産日の3日前まで変更可能なトヨタと比較すると，生産のフレキシビリティに欠ける感もする。生産計画に受注した仕様をすり合わせることができなければ，その生産は先送りされる。三菱自動車は，当初，発注から納車まで平均25日，最短10日を目指した。

　ＣＦＣに対する顧客の反応は良く，1から好みの車を作り上げる顧客層を5〜10％ぐらいに予想していたが，それを大幅に上回った。というのは，ディーラーが，発売当初，ＣＦＣという「完全カスタムオーダーシステム」の魅力を必要以上に強調したためである。したがって，パッケージ車の販売を軸にした見込み生産計画と注文内容が大幅に乖離してしまった。

ＣＦＣ導入当初は，顧客の６割がＣＦＣを利用していたが，４か月後には，２割程度まで低下している。三菱自動車はＣＦＣに対応できず，意図的に利用を低下させたからである。対応できなかった主な原因は，余分な在庫を持たないため，大量の注文をさばききれなくなったためであり，納車が40日に伸びてしまっていた。営業マンは，「ＣＦＣなら納車まで，かなりの時間がかかりますが，こちらのパッケージ商品ならすぐにご用意できます」という販売文句で対応することとなった。そして，表向きはＣＦＣをとるが，実際はパッケージ商品の在庫を増やして，それを主力商品とした[35]。

　三菱自動車と部品メーカーとの発注情報交換を見ると，まず，３か月内示→旬内示→日割り内示→デイリー変更と徐々にブレイクダウンしていく。デイリー変更は，部品納入の約２日前に行われる。自動車の組立工場のデイリー変更は５日前までなので，部品メーカーの方が生産のフレキシビリティが必要となる。

　シートメーカーＡ社のケースを見てみる。シートは，シンクロ納入する序列納入部品であり，車体の流れる順番に対応させてシートが並べられ，納入される。４日前に変更が伝達され，当日納入順序が確定する。コルト向けシートは，約50種類あり，三菱からの内示情報と確定の乖離が次第に増大していった。加工リードタイムの長い生地メーカーは，通常よりも多めの在庫を持って対応しているので，三菱自動車による金銭補償契約も行われた。

　コルトの受注生産はそれほど成功したケースではない[36]。その原因は，最初に，顧客の需要予測を誤ったことである。次に，工場の製造能力が大幅な仕様の変更に対応できなかったことである。トヨタの場合は，製造能力に対応させるために，仕様の変動幅を上下10％に制限している。三菱自動車では，受注生産の納期が長くなった結果，販売機会のロスにつながってしまったのである。

(2) マツダの受注生産[37]

　マツダは2001年２月２日より，インターネットを利用した自動車の受注生産を開始した。専用Webサイト「ウェブチューンファクトリー」を開設し，「ロードスター」と「ファミリアＳ－ワゴン」の２車種を対象に，エンジンやインテ

リアの仕様，色などを顧客の要望に合わせて受注生産している。顧客は，Web上でパーツの選択を組み合わせた車の見積りや，支払いパターンの検討，商談の申し込みまで行える。実際の契約や納車後のメンテナンスなどは，近くのマツダの販売店が行う。

　ロードスターでは4,160通り，ファミリアでは912通りの組み合わせが可能である。また，ネット専用のオプションも用意されている。顧客が自動車をカスタマイズしパーツを選択するごとに，リアルタイムでサイト上の自動車の写真が変更されていき，価格も変化していくといった仕組みである。顧客は，最終的にネット価格で購入できる。自分仕様の車を望む顧客に，自分でカスタマイズする楽しみを演出し購買意欲を高めている。このサイトでは，2001年4月の段階で「ロードスター」61台と「ファミリアS－ワゴン」9台を受注している。現在，ロードスターは月産500台であり，ロードスターを購入する10人に1人はこのサイトで購入しているという。

　受注生産の納期は，平均して1か月プラスマイナス1週間程度である。ロードスターの場合は，予定納期や生産状況などをホームページで照会するサービスも行っている。

　ロードスターは，スペシャリティカーということで，規模の経済性があまりない車種である。販売台数も限られており，見込み生産するよりは，受注生産で在庫を作らないほうが効率的であろう。また顧客に若者が多く，インターネットを良く活用している顧客層である。マツダは，ロードスターという車種の特性を上手に把握し，販売方法を考え，受注生産を採ったものと思われる。

7　おわりに

　わが国の自動車産業では，企業間電子商取引が進展しており，顧客，販売店，自動車メーカー，部品メーカー間の情報共有を促進している。また，情報技術によって効率的に行われる製品開発では，多くの車種仕様が生み出されており，顧客にとっては選択に迷うぐらいである。しかしながら，インターネットが発

達した現在，器用に自分仕様の車をカスタマイズして注文する顧客層も出現してきた。販売店もそのような顧客に対しては，従来のような対応をしていたのでは時代遅れになりつつある。一方，自動車メーカーは自分仕様の車を注文する顧客には，受注生産で対応することになる。

　国際的に見て，アメリカでは在庫販売型，ドイツの高級車メーカーでは受注生産型，日本ではその混合型と分類できる。かつて，アメリカの自動車メーカーは車の価格を重視し，ドイツの高級車メーカーは品質を重視したが，日本の自動車メーカーは双方とも重視し，品質の良い車を低価格で提供し，それによって国際競争力を構築してきた。

　これと同様のことが，販売でも起こっているように思われる。つまり，日本は在庫販売型と同じぐらいの短い納期で，受注生産を行おうと努力しているのである。日本の自動車メーカーは，「受注生産」と「納期の短さ」の双方を重視し，実現しようとしている。ヨーロッパで行われている納期の長い受注生産では，日本の顧客は満足しないのである。

　現在，日本の自動車メーカーは，アメリカやヨーロッパで海外生産をしている。そのため，現地で，まずインターネットを頻繁に活用する若者層から，日本流の受注生産を広めていき，国際的にその競争優位を構築していけば良いであろう。

　わが国の自動車メーカーは，将来的には，さらに受注生産の比率を高め，納期を短縮していくものと思われる。その実現のためには，部門内，部門間，企業間の情報システムを活用して，「さらなる顧客ニーズの精緻化」「販売店と組立工場，部品メーカーの情報共有によるプロセスの同期化」「計画のすりあわせによるデイリーオーダー・デイリー生産」「設計のモジュラー化による部品の少数化，標準化，共通化」「物流の効率化」「販売店での書類整備の短縮化」を行う必要があろう。

　現在，受注生産を行う際に，解決すべき課題として，部品メーカーと自動車メーカー双方の生産体制が挙げられる。まず，(1)部品メーカーは，生産計画と納入指示の食い違いができると，生産リードタイムの長い部品では，どうして

も在庫を持つことになってしまう。組立工場で受注生産しても，部品メーカーでは見込み生産になっていることが多いのである。次に，(2)製販統合が叫ばれているが，自動車産業では生産の平準化を目的として，計画生産（見込み生産）と受注生産の混合形態をとっている。受注生産主導の生産にするには，生産変動に強いライン，生産の平準化の必要性が少ないラインを創造する必要がある。参考となるのは，かつてボルボのウッデバラ工場で行われていた，組立ラインを廃した定置組立方式である。これは，ボルボのライン生産を行っている工場と比較しても，生産性は遜色のないものであった。今ではボルボのトラックや特殊車両の工場にしか活用されていない。日本ではトヨタ系の委託組立メーカーである関東自動車工業が，生産台数のあまり出ない高級車の組み立てに，短いラインで職人的生産を行っている[38]。受注生産に適した生産ラインが，これらを参考にして，今後，考案されていくかもしれない。

　受注生産の問題は，販売（ディーラー），生産（自動車メーカー），部品（サプライヤー）間の連携の問題となる。自動車メーカーは販売計画，生産計画，部品購買計画という種々の計画を立てて効率的に企業活動を行おうとする。しかし，最終的には市場における直近の顧客ニーズに従って，その計画を変更せざるを得ない。企業はそれに対して，いかに柔軟に対処するかが最も重要になってくる。

　受注生産は顧客が要望するものを顧客に届けることができるため，見込み生産によって在庫となってしまったものを無理やり値引きして売るのと違い，収益性が高い。これからは，受注生産の比率を高めていくことが，自動車メーカーの重要な競争力となってくるであろう。

(注)
1) 日本経済新聞，2004年8月11日付。
2) ＳＣＭ (Supply Chain Management) とは，関連するすべての部門・企業などが共通のデータベースを使用し，各部門の中で部分最適化ではなく，全体最適化をめざして販売機会損失や不良在庫などを一掃することである。企業間でのモノの流れを管理し，在庫の削減と供給から需要までの時間を短くすることを目的とするが，これを実現するには，物流網の整備や即納体制の確立など，多くの企業の緊密な連携が必要

である。
3) ＣＡＤ（Computer Aided Design）は「コンピュータによる設計支援」である。現在，ほとんどの３次元ＣＡＤがソリッドモデル機能を持っており，図形の厚みや中身を持った図形で表現できる。
4) ＣＡＭ（Computer Aided Manufacturing）は「コンピュータによる製造支援」である。
5) 下図（TOYOTA Environmental＆Social Report 2000, p.50）は，コンカレント・エンジニアリングによって，工程をスリム化した例である。トヨタは1999年度に電子制御ユニットの生産工程を見直して，19工程から12工程へと短縮し，電力消費を77％削減した。工程を短縮できた要因は①異形・リード部品の表面実装化による工程削減，②部品の信頼性向上活動による検査工程の適正化，③エネルギーバランスを考慮した自動化と手作業の使い分けである。

●ＳＥ活動による工程のスリム化

従来（19工程）																		
はんだ印刷	表面実装	はんだリフロー	インサートキット	ボンド塗布	異形組付	ボンド硬化	リード組付	リード組付	異形組付	コネクタ組付	はんだフロー	インサートキットテスト	コーティング	ケース組付	低温放置	機能検査	高温放置	機能検査

異形・リード部品の表面実装化　　　　　検査の適正化

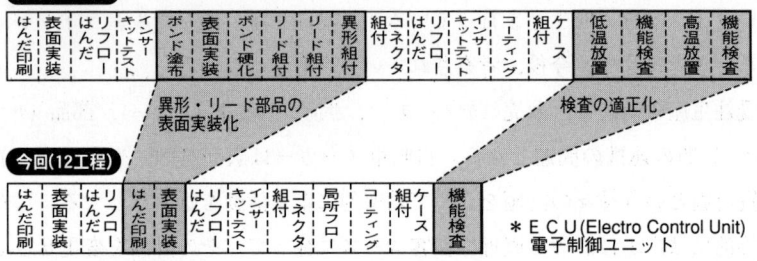

今回（12工程）												
はんだ印刷	表面実装	はんだリフロー	表面実装	はんだリフロー	インサートキットテスト	組付	コネクタ	局所フロー	コーティング	ケース組付	機能検査

＊ＥＣＵ(Electro Control Unit) 電子制御ユニット

6) ジェフリー・Ｋ・ライカー，稲垣公夫訳『ザ・トヨタウェイ・下』日経ＢＰ社，2004年，40ページ。
7) 藤本隆宏『能力構築競争』中公新書，2003年，339ページ。
8) ジェフリー・Ｋ・ライカー，稲垣公夫訳，前掲書，39ページ。
9) 日本自動車工業会ホームページ：自動車産業の設計・製造段階における電子情報標準化より。
http://www.jama.or.jp/it/info_standard/info_standard_4.html
10) 日野三十四著『トヨタ経営システムの研究』ダイヤモンド社，2002年，222～223ページ。
11) 部品調達総額の90％を占める主要170品目について，コストを劇的に低下させることを目的とした活動である。そのために，部品の開発段階から相互に連携し，製品設計や原材料，製造方法まで徹底的にカイゼンする。
12) 藤本隆宏，前掲書，311～312，318ページ。
13) たとえば，1998年に，旧トヨタオート店を衣替えした「ネッツトヨタ店」では，若者や女性をターゲットとして店頭主体の営業を目指し，自分で車を選んでもらうような販売方式をとって成功している。
14) 下川浩一，岩澤孝雄編著『情報革命と自動車流通イノベーション』文眞堂，2000年，

36～45ページ。
15) ベビーブーマージュニアであり，米国人口の20～30％を占め，個人消費をリードしている。
16) トヨタ・アニュアルレポート2004，30ページ。
17) 受注生産型，在庫販売型といっても，それぞれ，完全なものではない。
18) 2004年7月26日，三菱ビルコンファレンススクエアエムプラスにての呉在烜氏（ものづくり経営研究センター特任准教授）の報告より。
19) 同上。
20) 同上。
21) 藤本隆宏『生産マネジメント入門1』日本経済新聞社，2001年，177～186ページ。
22) 新車効果が薄れて，在庫が積み上がってくると，自動車メーカーの常套手段として，「お買い得車」を販売することがあるが，これも「値引き」の一種である。たとえば，専用のボディー色を採用して装備を充実させた特別仕様車などであり，一時的に顧客の関心を買い，在庫を一掃できる。
23) ディーラーが業績を上げるために，自分で販売店の車を買ってしまうこと。
24) 2004年7月26日，三菱ビルコンファレンススクエアエムプラスにての呉在烜氏（ものづくり経営研究センター特任准教授）の報告より。
25) ジェフリー・K・ライカー，稲垣公夫訳，前掲書，231ページ。
26) 『障子を開けてみよ　外は広い』トヨタ冊子，1999年，17ページ。
27) TOYOTA Environmental & Social Report 2003, p.66.
28) 2003年11月10日，アジア自動車産業研究会（代表：藤本隆宏）における富野貴弘，「自動車企業のＢＴＯに関する考察」の発表資料より。
29) ジェフリー・K・ライカー，稲垣公夫訳，前掲書，232ページ。
30) ウィリアム・ラップ著，柳沢享，その他訳『成功企業のＩＴ戦略』日経ＢＰ社，2003年，205ページ。
31) 同上書，201ページ。
32) 高岡工場に導入された下図（TOYOTA Environmental Report 2001, p.35）のような新型塗装システムでは，塗料ロスが少ないカートリッジ方式を使った塗装ロボット

■水性塗料による静電塗装，カートリッジ方式
新型塗装ロボットの開発により，画期的なシステムを実現

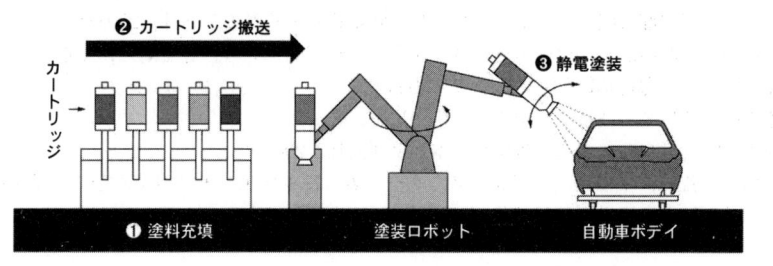

を使うことにより,塗色の変更をスピーディにできる。
33) ウィリアム・ラップ著,柳沢享,その他訳,前掲書,198ページ。
34) 主に,2003年11月10日,アジア自動車産業研究会(代表:藤本隆宏)における富野貴弘,「自動車企業のＢＴＯに関する考察」の発表資料より引用。
35) 日経ビジネス,2003年4月14日号,8ページ。
36) 日経新聞2004年8月10日の記事によると,ホームページでの,顧客からの新車購入価格の見積り依頼件数は,三菱コルトの場合,2003年1月,依頼件数は568件(国内で15位)であったが,2004年7月,80件(142位)に激減している。三菱ランサーエボリューションの場合も,2003年2月,434件(22位)であったが,2004年7月,100件(122位)に激減している。
37) http://www.mazda.co.jp/mnl/200104/bto.htmlより引用。
38) 藤本隆宏『能力構築競争』中公新書,2003年,362～363ページ。

(参考文献)
Brethauer, D. *New Product Development and Delivery,* AMACOM, 2002.
Carr, N. G. *The Digital Enterprise,* A Harvard Business Review Book, 1999.
Shockley-Zalabak, P. & Burmester S. B. *The Power of Networked Teams,* Oxford University Press, 2001.
Urban, G. L. & Hauser, J. R. *Design and Marketing of New Products,* Prentice Hall International Inc., 1993.
池原照雄『トヨタvs.ホンダ』日刊工業新聞社,2002年。
浦川卓也『新商品構想力』ダイヤモンド社,2003年。
籠屋邦夫『選択と集中の意思決定』東洋経済新報社,2000年。
ジェフリー・Ｋ・ライカー著,稲垣公夫訳『ザ・トヨタウェイ上・下』日経ＢＰ社,2004年。
手島歩三『「気配り生産」システム』日刊工業新聞社,1994年。
ＨＭＳコンソーシアム編『ホロニック生産システム』日本プラントメンテナンス協会,2004年。
Ｈ・トーマス・ジョンソン,アンデルス・ブルムズ『トヨタはなぜ強いのか』日本経済新聞社,2002年。
ピーター・ウェイル,マリアン・ブロードベント著,マイクロソフト株式会社コンサルティング本部監訳『ＩＴポートフォリオ戦略論』ダイヤモンド社,2003年。
藤本隆宏,西口敏宏,伊藤秀史編『サプライヤー・システム』有斐閣,1998年。
藤本隆宏『能力構築競争』中公新書,2003年。
藤本隆宏『生産・技術システム』八千代出版,2003年。
藤本隆宏『日本のもの造り哲学』日本経済新聞社,2004年。
松田修一監修,早稲田大学ビジネススクール著『日本再生:モノづくり企業のイノベーション』生産性出版,2003年。

第2章

受注生産サプライチェーンを効率化する製品アーキテクチャ

1　はじめに

　現在の市場環境は，顧客ニーズの多様性に特徴付けられる。車の販売においても，標準品を大量生産し在庫を販売するのではなく，好みの仕様の車を，いかに短期で納車できるかが課題となってきた。BMWでは，組み立ての6日前に受注すると，色を含めて完全な仕様の変更が可能である。コンピュータ会社による受注生産は自動車メーカーよりも進んでおり，競争優位の大きな要因となっている。デルは，受注生産を早期に取り入れた企業であり，インターネットを介して受注生産をすることによって市場シェアを伸ばした。本章では，わが国の自動車メーカーにおける受注生産サプライチェーンの現状と課題を検討し，特に製品アーキテクチャの面から，受注生産サプライチェーンの効率化を実現するための提案を行う。

2　受注生産の現状と課題

(1)　わが国自動車メーカーの生産および販売状況

　わが国自動車メーカーの受注生産の状況を，まず，生産台数と販売台数の面から考察していく。というのは，受注生産の割合が増えていくと，生産台数と販売台数が近づいていくと思われるからである。反対に，生産計画による見込

み生産の割合が多くなると，需要と供給のギャップが大きくなり在庫が積み上がったり，欠品になったりするであろう。まず，わが国自動車メーカー4社，トヨタ，日産，ホンダ，マツダの2003年6月から2005年7月の26か月間の販売台数の推移を見ると，図表2－1のようになる。

図表2－1から，自動車の販売は，1年を通して平均的に売れているのではなく，各社とも3月の販売台数が極端に多く，反対に12月，1月，4月，5月，8月は少ないのがわかる。したがって，このような状況で，完全に受注生産をしたならば，工場の生産能力を最も販売台数の多い月に合わせることになる。そうすると，販売台数の少ない月には，工場の稼働率が低くなり，設備を遊ばせることになる。それでは，実際に自動車メーカーは生産量を販売台数に合わせて増減させているのであろうか。

図表2－2は，トヨタの「国内生産台数」，「国内販売台数」，「国内生産台数－輸出台数」を表したものである。「国内生産台数」は，「国内販売台数」より常に多く，月の平均生産台数は約30万台である。生産台数はおおよそ25万台～35万台の幅で変動している。ということは，25万台が採算ラインの下限にあると思われる。また，35万台が稼働率100％近くであろう。「国内生産台数－輸出台数」は，国内の車両在庫数である。これと「国内販売台数」はほとんど同じ線を描いている。すなわち，トヨタでは需要と供給がバランスしており，在庫や欠品がさほど生じることはない。

詳細を見ると，トヨタの2003年6月～2005年7月までの月平均の国内販売台数は，145,016台である。同時期の販売台数と国内の在庫数との差は，26か月間の合計で14,758台であり，月当たり，わずか568台となる。したがって，トヨタの国内販売台数と国内の在庫数は，極めて近い。月に平均145,016台を販売し，需要と供給のギャップは568台である。販売台数が他の国内自動車メーカーより多いことを考えると，トヨタでは，生産と販売の情報共有がうまく行われており，販売台数の変動に非常に良く適応した生産体制を保持している。

次に，2番目に国内販売台数の多い日産を見てみよう。図表2－3は，日産の「国内生産台数」，「国内販売台数」，「国内生産台数－輸出台数」を表したも

第2章 受注生産サプライチェーンを効率化する製品アーキテクチャ

図表2－1　トヨタ，日産，ホンダ，マツダの販売台数（2003年6月〜2005年7月）

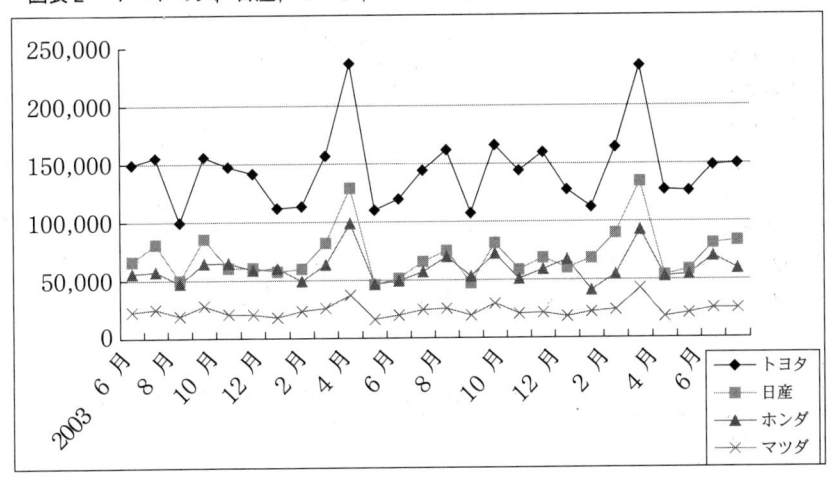

(出所)　自動車統計月報（日本自動車工業会）2004年8月および2005年8月より作成。

図表2－2　トヨタの「国内生産台数」，「国内販売台数」，「国内生産台数－輸出台数」

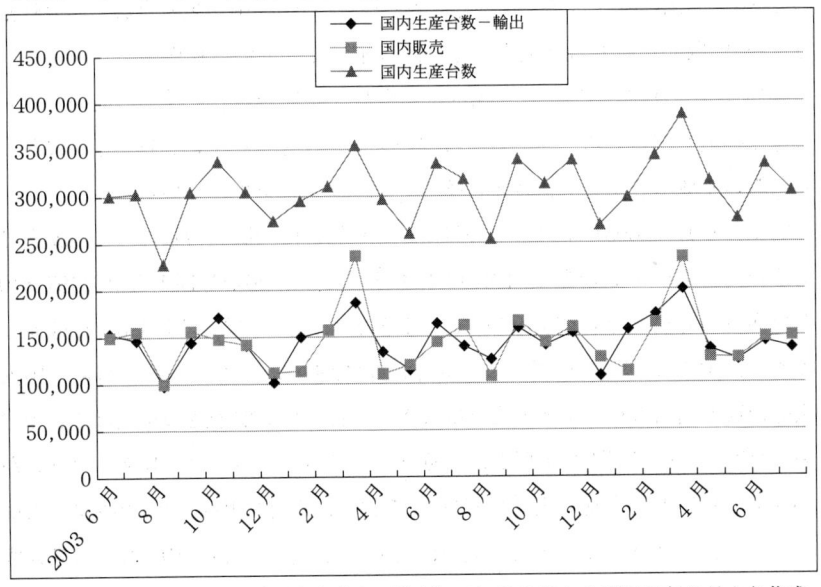

(出所)　自動車統計月報（日本自動車工業会）2004年8月および2005年8月より作成。

図表2-3　日産の「国内生産台数」,「国内販売台数」,「国内生産台数－輸出台数」

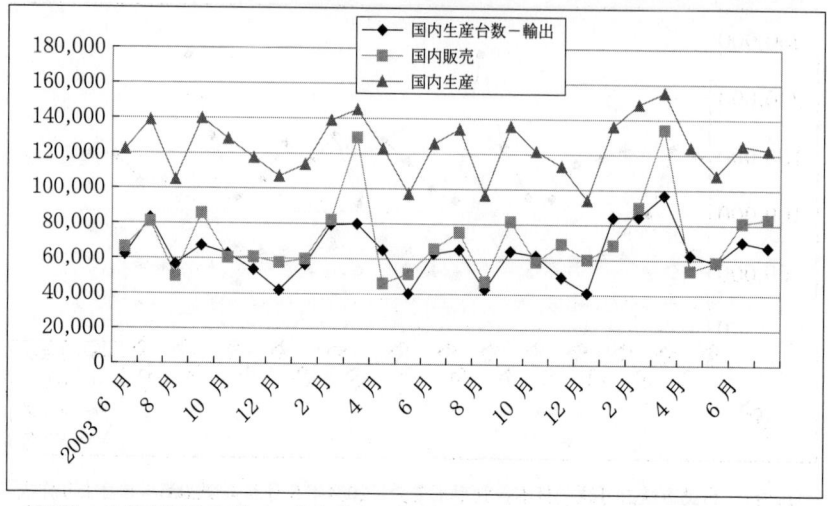

（出所）　自動車統計月報（日本自動車工業会）2004年8月および2005年8月より作成。

のである。「国内販売台数」は3月に極端に多いが,「国内生産台数」の変動幅は,「国内販売台数」ほど大きくない。日産では,工場の稼働率を,ある一定の幅に保つようにしている。「国内生産台数－輸出台数」と「国内販売台数」の線は接近してはいるが,トヨタほどの重なりは見られない。特に3月における二線の乖離は著しく,需要と供給のアンバランスを生んでいる。

　2003年6月～2005年7月までの日産の月平均の国内販売台数は,71,498台である。同時期の販売台数と国内の在庫数との差は,26か月間の合計で194,810台であり,月当たり7,493台になる。日産では1月に平均,71,498台を販売しており,国内に残った車両との差は7,493台である。したがって,日産の国内販売台数と国内の在庫数との乖離は大きい。日産の需要予測の精度はそれほど高くなく,生産が実際の需要とかけ離れてしまっている。カルロス・ゴーンが2002年5月に中期経営計画「日産180」を掲げ,世界で100万台の販売増（2002年3月期比）を達成しようとし,実際に実現した[1]。この計画の下で,日産は販売に力を入れており,その結果として,生産が販売に追いついていないのかもしれない。

第2章 受注生産サプライチェーンを効率化する製品アーキテクチャ

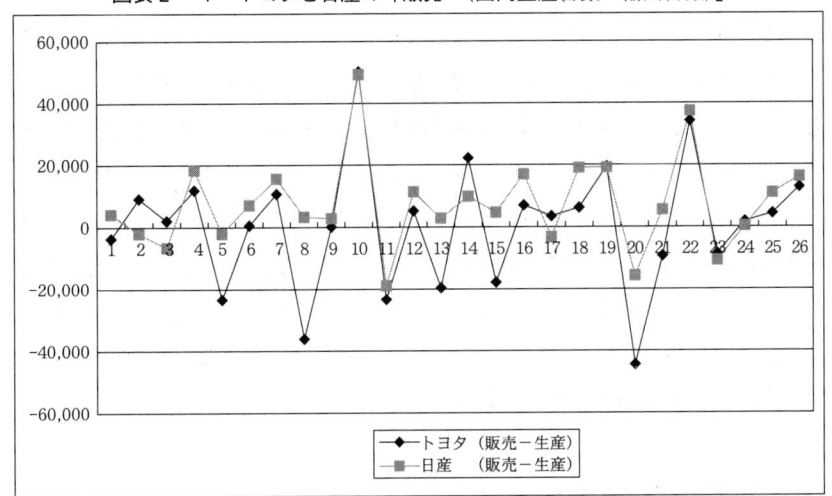

図表2－4　トヨタと日産の「販売－(国内生産台数－輸出台数)」

（出所）　自動車統計月報（日本自動車工業会）2004年8月および2005年8月より作成。

　図表2－4は，トヨタと日産の「販売－(国内生産台数－輸出台数)」を表したものである。トヨタも日産も「販売－(国内生産台数－輸出台数)」が，26か月間の合計で，それぞれ14,758台と194,810台のプラスである。圧倒的にトヨタの方が国内販売台数と，実際の国内の在庫数との乖離が小さい。これは，トヨタでは需給ギャップがプラスの月とマイナスの月で相殺されているからである。日産では販売台数の方が多い月がほとんどであり，在庫として残ってしまう月は26か月中，7か月しかない。つまり，生産が販売に追いついていない状況であり，欠品状態である。販売が在庫数より多いということは，何を意味しているのであろうか。過去の在庫を販売しているか，または，逆輸入車を販売しているか，またはその両方であろう。この状態は，反対に販売が伸びずに生産した車が在庫として残ってしまう状態よりは良い。

　トヨタと日産の「月平均の販売台数」に対する「月平均の販売と在庫との乖離」の比率を見てみよう。

　　　トヨタ……568/145,016＝0.4%

　　　日　産……7,493/71,498＝10.5%

トヨタは販売台数に対して0.4%しか生産計画がずれていないが，日産は10.5%もずれてしまっている。トヨタは月平均，日産の２倍の販売台数を誇っていることを考えると，トヨタの需要と供給量のバランスは，神業のようである。しかし，これが需要予測の精緻化のためか，受注生産の割合が多いためか，または，輸出を上手に使い，販売台数と生産台数の乖離を少なくしているためか，どれとも判断がつかない。需要予測の精緻化は生産の事前に行われ，輸出台数の調整は生産の事後に行われるため，どちらが容易かというと，事後処理によって，需要と供給をバランスさせる方である。もし，需給ギャップの小ささが，受注生産の割合が高いためならば，リアルタイムに変化する需要に対しての生産適応能力が高いことになる。

(2) 受注生産サプライチェーン

近年，自動車メーカーで受注生産が注目されてきた背景には，次のことが考えられる。第１に，企業が生産計画に従って見込み生産をしていたのでは，販売機会損失が出てくるためである。店頭の在庫車では満足しない顧客が現れると，販売店では販売機会を失し，欠品率が上昇する。顧客が自分独自の仕様の車を生産してもらおうとしても，販売店では顧客に納期を迅速に回答できなかったり，または納期が長すぎたりして，そのために「失注」が出てくる。したがって，現在，顧客が許容できるような納期を実現できる効率的な受注生産体制が求められているのである。第２に，企業の財務的な問題のために，受注生産が注目されているのである。現状では，店頭で顧客のニーズに合わない車が長期的に在庫となってしまう恐れがある。その場合，借入金利やキャッシュ・フロー上，財務的に損失が大きい。以上のように，販売機会損失を最小化し，かつ，不良在庫発生リスクを最小化するために，受注した多様な製品を短いリードタイムで供給する受注生産体制が求められるようになってきたのである。

受注生産を成功させるためには，価値連鎖を構成する川上のサプライヤー，中流の完成車メーカー，川下の物流業者や販売業者の統合が重要である。つま

第2章 受注生産サプライチェーンを効率化する製品アーキテクチャ

り，顧客ニーズの多様性や受注量の不確実性に対して，サプライチェーン全体を柔軟かつ俊敏に対応できるようにしなければならない。これまで部門や企業ごとに，情報流や物流に関する業務の流れを部分最適化していたのを，サプライチェーンの全体の効率化を目指した，全体最適化が重要となってくる。わが国の自動車メーカーは，受注生産の比率を高めようとしており，たとえば三菱自動車のコルトやマツダのロードスターの販売では受注生産を前面に押し出している。トヨタの受注生産比率は約60％である[2]。それでは，自動車メーカーが生産体制を100％受注生産にした場合，どのような結果を招くのであろうか。むしろ，以下のような理由で各社の業績の悪化を招くであろう。

　理由1　毎日，生産計画を修正し，受注した車のみを生産する場合，需要が生産稼働率100％を上回った場合，対応できなくなる。その結果，販売ロスにつながる。反対に，採算ライン以下の需要しかない時でも，完全受注生産では実際の需要の台数しか生産しない。そうなると，製造コストが高くなる。100％稼働率を上回る需要には対応できないので，トータルで見た場合，長期的に少し欠品状態になる。サプライヤーは，自動車メーカーから頻繁に生産計画を修正されるため，それに素早く対応するために在庫を持つようになる。以上のように，車を完全に受注生産するのは，工場の稼働率から見て非効率的である。また，製造リードタイムの長い部品を納入するサプライヤーには負荷がかかりすぎる。仮に受注生産を実現するために，毎日，需要に沿って生産計画を変えてみても，1か月以上の長期で見ると，生産量と仕様の多様性が安定している可能性が高い。

　理由2　100％受注生産で対応した場合，顧客の許容リードタイムよりも受注生産の納期が長いと，販売機会の損失につながってしまう。また，ただちに車を購入したいという顧客には対応不能である。

　それでは，顧客は受注生産において何日までならば，納車を待てるのだろうか。伝統的にディーラーでの在庫販売が主であるアメリカでは，自動車を購入する74％の顧客は，3週間以内に納車されるのであれば，ディーラーの在庫の中から車を選択するのではなく，自分の望む仕様の車を注文したいと考えてい

る³⁾。イギリスでの調査によると，顧客の61％は，2週間以内に納車してほしいと思っている⁴⁾。国によって顧客の期待する受注生産の納期は異なるが，大体2～3週間ということになろう。ヨーロッパで大量生産している自動車メーカーの受注生産の納期は，48日である。ヨーロッパで現地生産している日本車の受注生産の平均的な納期は，63日である。ヨーロッパの特別車や高級車の受注生産の納期は，43日である⁵⁾。以上のように，ヨーロッパでの実際の受注生産の納期は，顧客の期待する納期より2倍以上も長い。

　最近，ボルボやルノーは，在庫レベルと販売奨励金を削減するために，受注生産のプロジェクトに着手し出した。ルノーの「新納入プロジェクト：Projet Nouvelle Distribution」では，注文から納車まで14日を目指す。フォルクスワーゲンとフォードは，14～15日，BMWは10日を目指す。ボルボは，1990年代初期に6週間から28日にしようとし，1995年には14日に目標を設定し直した⁶⁾。以上のように，世界的に受注生産の納期を14日まで短縮しようとする傾向が見られる。

　各国の自動車メーカーは，生産計画を主体として，その中に受注生産を組み込んでいる。車の生産では，見込み生産と受注生産の両方のバランスをとった混合型の生産が，最も収益性が高いモデルであると思われる。これは，「需要」と「生産の安定性」と「最上の顧客サービスを可能にする即応性」との3つの妥協案であり，最も良く日々の多様性に適応できる。この混合型では，受注生産の比率をどのくらいに設定するのか，または，いかに受注生産比率を高めていくかが問題となろう。理想的な受注生産比率は各自動車メーカーによって異なるし，同一の自動車メーカーでも時期によって異なる。たとえば，日産ディーゼルでは，受注生産システムを導入することにより，見込み生産の結果発生する完成車在庫を減らそうとした。受注生産比率は，98年には20％台であったが，2001年の6月，7月では60％以上となり，3年間で3倍になった。その結果，在庫が大幅に減って，期末（3月と9月）在庫は3年前に比べて3分の1に圧縮された⁷⁾。理想的な受注生産比率は，市場の成熟度によっても異なるし，各自動車メーカーの生産体制の柔軟性によっても異なってくるのである。

第2章 受注生産サプライチェーンを効率化する製品アーキテクチャ

受注から納車までのリードタイムを短縮するのが，受注生産サプライチェーンの管理では最重要課題であろう。次に，製品アーキテクチャおよび製品差別化が，受注生産サプライチェーンの効率化にどのような影響を及ぼすのか考察していく。

3 受注生産と製品アーキテクチャ

(1) 部品サプライヤーの管理と製品差別化

受注生産では，自動車メーカーの生産計画の変更に対して，サプライヤーにいかに柔軟に部品を供給してもらうかが重要となる。交渉力の強い部品メーカーに対しては，自動車メーカーは供給体制を管理していかなくてはならない。

自動車メーカーに対するサプライヤーの交渉力の強さは，以下の5つの要因で示される。

1．サプライヤーが供給する部品の顧客数が多い場合。
2．サプライヤーが供給する部品の市場シェアが大きい場合。シェアの大きさは，製品の品質や価格が他のサプライヤーより競争力があることを意味する。
3．サプライヤーの所有している経営資源に希少性がある場合。自動車メーカーが同じ部品を何社のサプライヤーから買っているかが問題となる。サプライヤーの数が少なくなると，自動車メーカーの交渉力は小さくなる。
4．部品の潜在的なサプライヤーの数が少ない場合。
5．サプライヤーにとって，特定の自動車メーカーからの売上が小さい場合。

サプライヤーの交渉力の程度によって，受注生産においてサプライヤーが部品を保持する形態が異なってくる。サプライヤーは，「完成品」，「仕掛品」，「原材料」というように，部品を三形態で保持することができる。特別な部品の納入を要求する自動車メーカーに対して，サプライヤーがどのように対応するか

を考える時に，このような三形態の選択は意味を持ってくる。

　サプライヤーが完成品で持っている場合，納入計画が変更され，異なる仕様を要求されると，その完成品は在庫になってしまう。仕掛品の方が，計画変更に柔軟に対応でき，別の仕様にできる可能性が高い。原材料の場合は，顧客の注文に対して，最も柔軟性がある。受注生産では，サプライヤーが多くの仕様に活用できるように，部品の差別化をするのをなるべく延期し，注文が確定した時点で差別化すると，納期が短縮されるし，不良在庫にもならない。

　サプライヤーの交渉力が強いと，部品の差別化を遅らせる戦略をとり，交渉力が弱いとすぐに供給可能な完成品という形で部品を保持する傾向にある。また，部品の付加価値や複雑性も，部品保持形態の対応戦略が異なる一因となる。部品の付加価値が高く，複雑であればあるほど，部品の差別化を遅らせて標準品として使える形で保持する傾向にある[8]。したがって，交渉力が強く，付加価値が高く複雑な部品を供給するサプライヤーは，完成品在庫を持つのではなく，中間製品まで見込み生産を行い，顧客からの確定注文が入った段階で，製品の差別化を行う傾向にある。受注生産において，このようなサプライヤーを適切に管理するには，自動車メーカーが，サプライヤーに生産計画の情報を時々刻々に伝達し，あらかじめ準備させておくことである。そうすれば，サプライヤーの対応能力の向上と納期の短縮を図ることができる。交渉力の弱いサプライヤーは，受注生産に備えて多様な製品を完成品という形で保持し，ある程度の在庫を持つ傾向にある。完成車メーカーとの同期生産に基づいたＪＩＴ納入か，または在庫からの納入体制かは，サプライヤーの能力や交渉力，そして部品の特質によって決まってくる。問題は，交渉力の強いサプライヤーが，製品の差別化を，いかに効率的に行うことができるかどうかであろう。このため，次のように製品の差別化を容易にする製品アーキテクチャについて検討していく意味があろう。

(2) 製品差別化の意思決定を遅らせる製品アーキテクチャ

　製品のアーキテクチャは，①何個の部品から構成されているのか？②これら

第2章　受注生産サプライチェーンを効率化する製品アーキテクチャ

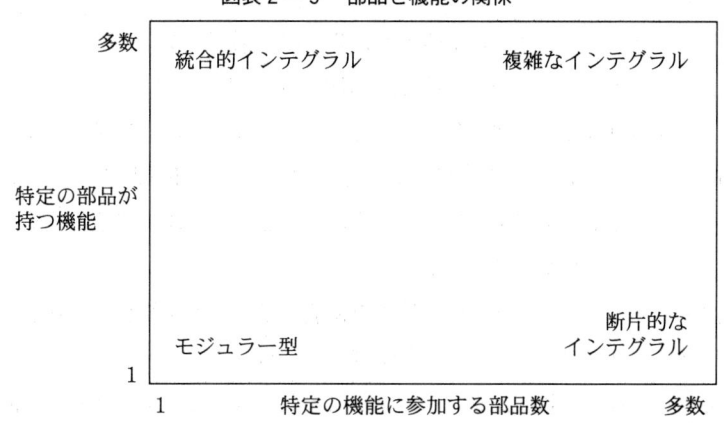

図表2－5　部品と機能の関係

```
多数 ┃ 統合的インテグラル          複雑なインテグラル
     ┃
特定の部品が
持つ機能
     ┃
     ┃
     ┃                              断片的な
     ┃ モジュラー型                 インテグラル
   1 ┗━━━━━━━━━━━━━━━━━━━━━━━━━━━━━
      1    特定の機能に参加する部品数    多数
```

（出所）　Sebastian K. Fixson, Product Architecture assessment：a tool to link product, process, and supply chain design decisions, *Journal of Operations Management*, Vol. 23, 2005, p. 356より作成。

の部品は相互にどのように機能するのか？③どのようにこの部品は組み立てられ，使われ，解体されるのか？④部品間のインターフェースはどのようになっているのか？ということに関連してくる。個別の製品アーキテクチャは，製品の設計，工程の設計，サプライチェーンの設計の意思決定にある程度の影響を及ぼす。つまり，部品間のインターフェースのタイプによって，製品の差別化をサプライチェーンのどこで行うかということに影響を与え，モジュラー化するほど製品の差別化を時間的に遅らせることができるのである。また，製品アーキテクチャのモジュラー化は，製品の多様性を増加させる際に，部品の製造コストや在庫保持コストを減らすことができる。また，製品開発期間を短縮させ，さらに，製品に最新の技術をすみやかに組み込むことも容易となる。製品のライフサイクルの短縮化にも対応できる。

　製品アーキテクチャを問題にするとき，製品の機能が焦点となる。ある機能は，また多くのサブ機能に分けることもできる。図表2－5は，どの部品がどの機能に対応するのか，そしてある機能の何％が，一部品に割り当てられるのかを表したものである。理想的なモジュール部品は，機能と部品が1対1の関

係にある。

インターフェースには、以下のように3つの役割がある[9]。

①タイプ：ある製品が、n個の部品で構成されるとき、少なくともインターフェースの数はn－1個、多くてn(n－1)/2個ある。ある部品が機能の中心的な役割を果たすとき、製品プラットフォームと呼ばれる。完成車メーカーにとって受注生産を容易にしてくれる部品とは、他の部品とのインターフェースの数が少ない部品である。

受注生産を困難にする部品は、複雑な機能と多くのサブ部品から成り立っている部品であり、ワイヤーハーネスが例に挙げられる。ワイヤーハーネスは、車に必要な電線や情報回路をコンパクトに束ねたもので、車にとっての神経にたとえられる。エレクトロニクス設備やエンジン、メーター、ライトなどを正確に作動させる機能をもっており、そのためには、何百本もの高性能な電線が必要とされる。ワイヤーハーネスは、車全体に張り巡らされており、他の部品とのインターフェースの数は膨大である。しかしながら、自動車のワイヤーハーネスは他の車種との部品の共有化は少ない。

このように、受注生産に不向きな製品アーキテクチャをもつ部品には、どのような対応の仕方があるのだろうか。

日産ディーゼルの場合、種類が多く生産に時間のかかるワイヤーハーネスに対しては、受注生産用に一定量を社内在庫として持つようにしている。車両在庫は持たないが、受注生産を維持し、納期を守るために、最低限の部品在庫を持つのである。受注生産サプライチェーンにおいて、部分最適より全体最適を重視する。つまり、製品差別化の程度が高く、生産リードタイムの長い部品は、ＪＩＴで納入してもらうよりも、社内在庫として持つことにより、納期の不確実性を回避している。社内在庫とするか、サプライヤーに在庫を多めに持ってもらうかは、サプライヤーの交渉力の強さに依存する。

受注生産では、部品の供給がひとつのボトルネックになるだろう。自動車メーカーでは、納期を短縮するために安全在庫水準を設定する必要がある。安全在庫水準は、過去の平均受注数の動向と、部品個々の月別・日別の受注の流

第2章 受注生産サプライチェーンを効率化する製品アーキテクチャ

図表2－6 ワイヤーハーネス

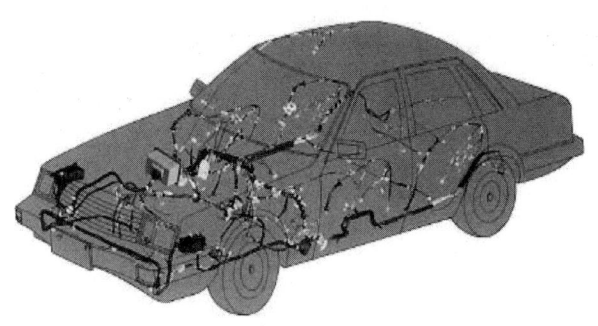

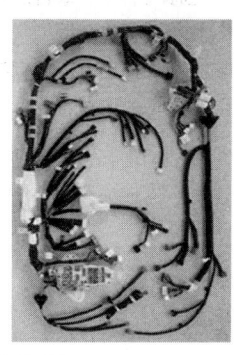

（出所） 矢崎総業株式会社のホームページより作成。

れを把握し，何個在庫を持てば目標引当率が達成できるかを計算して決定する。受注の振れが大きい部品は，多めの在庫で引当率を高めるようにする。

②リバーシビリティ：製品の製造，変更，解体する時のインターフェースの役割。アップグレイド，付加等，製品を変更する際に必要となる。インターフェースで部品を物理的に離すのが困難な製品もある。製品アーキテクチャにおいて，そのインターフェースがどこに位置するかもリバーシビリティに影響する。モジュラー型製品は，インターフェースで分解するのが容易である。あるインターフェースから，特定の部品を離す際に，いくつの他の部品を一緒に離さなければならないかも重要である。

③標準化：代替部品に関するインターフェースの役割。モジュラー型製品のアーキテクチャでは，その内部のインターフェースにおいて，サブユニットの交換が容易にできる。

以上のように3つのインターフェースの役割があり，サプライヤーが部品を差別化する際に影響を及ぼす。「遅らすこと」は，マス・カスタマイゼーションの中心的な特徴であろう。「遅らせる」という戦略を，「時間」および「形」という2つの意味で採ることができる。1つは，受注してから車を製造するという，組み立ての「時間的な遅らせ」であり，これによって，販売店の在庫量を低減できる。もう1つは，サプライチェーンの後半の段階までの「製品差別

図表2－7　車台が共通の場合と異なる場合の製品差別化の時期とリードタイム

車台が共通の場合

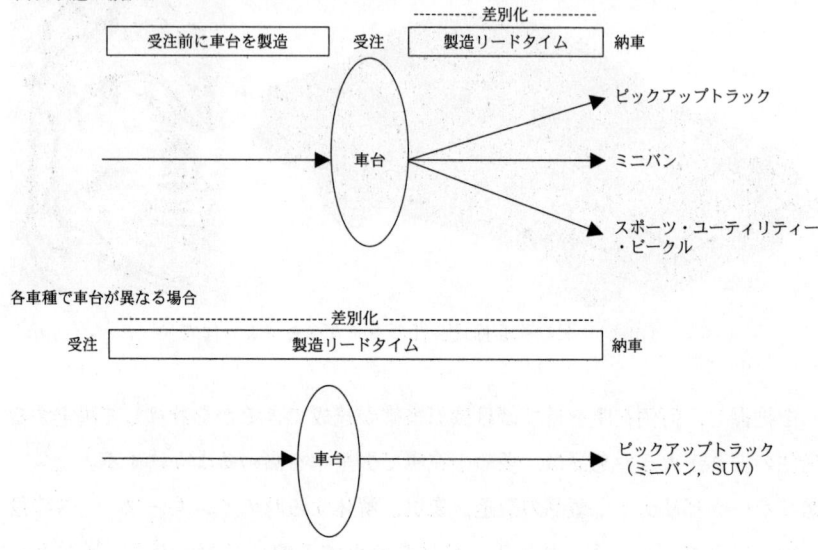

```
                                    ----------- 差別化 -----------
         ┌─────────────────┐   ┌──┐ ┌─────────────────┐
         │ 受注前に車台を製造 │   │受注│ │ 製造リードタイム │        納車
         └─────────────────┘   └──┘ └─────────────────┘
                                                    ──→ ピックアップトラック
                        ──────────→  車台           ──→ ミニバン
                                                    ──→ スポーツ・ユーティリティー
                                                         ・ビークル
```

各車種で車台が異なる場合

```
       ------------------------------ 差別化 ------------------------------
   ┌──┐ ┌──────────────────────────────────────────────────┐
   │受注│ │                 製造リードタイム                    │        納車
   └──┘ └──────────────────────────────────────────────────┘

                        ──────────→  車台          ──→ ピックアップトラック
                                                        （ミニバン，SUV）
```

化の遅らせ」であり，受注生産のリードタイムを短縮できる[10]。

「製品差別化の遅らせ」においては，製品アーキテクチャがモジュラー化していると，容易に川下で製造，または組み立てることができる。コンピュータでは，すでに物流センターで顧客の注文に合わせて組み立てが行われている。受注生産サプライチェーンにおいて「差別化をする意思決定を遅らすこと」によって，受注「リードタイムの短縮」と「在庫の低減」が図れるのである。

たとえば，トヨタのＩＭＶ（Innovative International Multi-purpose Vehicle：革新的国際多目的車）は，新興市場を中心に140か国で販売される車として開発された。共通の車台で3種類（ピックアップトラック，ミニバン，スポーツ・ユーティリティー・ビークル）の合計5車種に対応できる。車台が共通であると図表2－7のように，どの車種にすべきかという製品差別化の意思決定を遅らせることができるし，同時に受注から納車までのリードタイムを短縮できる。部品の共通化だけではなく，製品アーキテクチャがモジュラー化している場合も，インターフェースの数が少なく，リバーシビリティがあり，サブユニットの交換が

第2章 受注生産サプライチェーンを効率化する製品アーキテクチャ

容易ならば，異なる仕様への変更や差別化が容易にできる。

受注生産では，製品アーキテクチャがモジュラーよりになるほど，部品サプライヤーや自動車メーカーにおいて，製品の差別化をする意思決定を，より遅らせることができる。

(3) 生産の管理と製品差別化

受注生産では，オプションの制約が最大の障害となりやすい。オプションは，徐々に決まっていくし，時には一旦決まったオプションが修正されたり，受注自体キャンセルになったりもする。受注した車は，ディーラーが営業見込みで発注したものと，実際の顧客から受注したものとに分けられる。拡張型生産座席予約システムを使うと，オプションを確定する時に，引き当てを多段階に分けて行うことができる。

図表2－8は拡張型生産座席予約システムの一覧表である。ディーラーは，この製造計画表を見ながら，仕様確定の引き当てをすることができる。生産4か月前に「見込み」のものに引き当てを行うことができる。実際に顧客から受注したものではなく，「営業見込み」で引き当てると，「見込み」の状態から「営業見込み」へと状態が変わり，他のディーラーは引き当てることができなくなる。この「営業見込み」の製品に対して，生産間近になると，実際に「仕様」を確定しなくてはならなくなる。ディーラーは売れそうな仕様を決定し，「受注済み，かつ仕様確定済み」へとその製品の状態を変え，製造された車を引き取る。しかし，この車が最終的に売れなくとも，それはディーラーの責任となる。実際に顧客からの受注である場合は，「見込み」の状態が「受注済み」の状態へと変わり，これも他のディーラーが引き当てることができなくなる。たとえば，ある車種がオプションA，B，Cと3段階の確定を必要とする時は，それぞれ確定の最終締め切りを3か月前，2か月前，1か月前と設定し，すべてのオプションが決定した時に，初めて「受注済み，かつ仕様確定済み」へとその製品の状態を変える。そして，生産すべき製品をその仕様で固定し，「計画ロック」の状態にして製造日時も固定し，実際に製造する。このような拡張

図表2－8　拡張型生産座席予約システムの一覧表

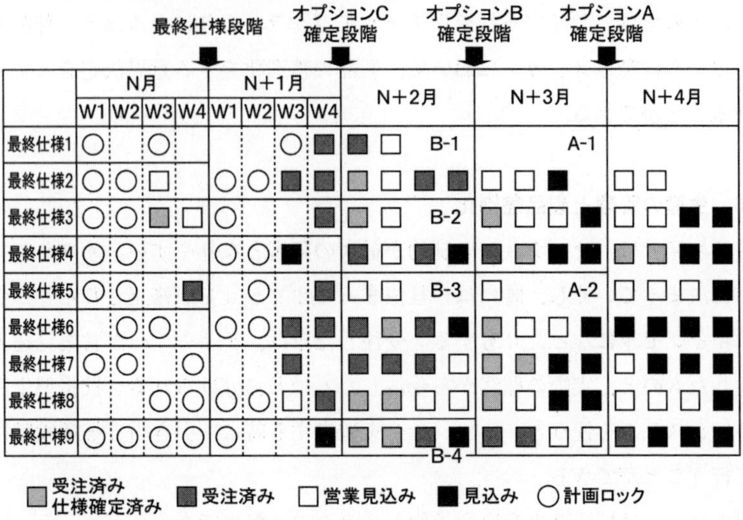

（出所）　山田太郎「製造業のPLM・CPC戦略」日本プラントメンテナンス協会，2002年，172ページ。

型生産座席予約システムを活用すると，その生産予定の製品が，「見込み」，「営業見込み」，「受注済み」，「受注済み，かつ仕様確定済み」，「計画ロック」のうちのどの状況にあるかということをひと目で理解することができる。オプションの決定も段階的に期日内に行えば良い。もし，途中で受注がキャンセルとなった場合，その製品の状態を「見込み」に変えれば良い。そうすれば，その製品を他のディーラーが引き当てることができるようになる。

　この拡張型生産座席予約システムは，受注した完全な仕様の車を1回で生産計画に組み入れるのではなく，途中の段階的な仕様の意思決定を挿入でき，かつ，取り消すこともできる。このシステムは生産すべき車のオプションの予約を先に入れることができるが，最終的な意思決定は，後に伸ばすことができる。

　次に，実際に受注した車の効率的な生産について考察する。受注した仕様は，1台ごとに多種多様である。車種やエンジン，オプションなど異なる車が，同一のラインで生産できるならば，そのラインは最も良く受注生産に適応できて

第 2 章 受注生産サプライチェーンを効率化する製品アーキテクチャ

いると思われる。日産ディーゼルの混流ラインの例を見てみよう。日産ディーゼルでは，車両とエンジンそれぞれについて，同じラインで生産できるようにし，多種少量生産を実現した。このような生産工程の再構築は，わが国のトラック製造業界では初めてである。エンジンのラインでは，直列大型エンジン，V系大型エンジン，直列中型エンジンの混流生産を実現した。エンジンの機種数では，29機種に達する。車両は大型と中型とを同一ラインで生産するようになった。これまでは，中型トラックは群馬工場，大型トラックは上尾工場と，別々に生産していた。今回の混流ラインの導入によって，作業者は大型・中型両方の作業を理解し習得することが必要になった。作業者を支援するために，使用する部品のある場所を点滅ランプで知らせたり，組み付け位置をモニターで示すようにし，多能工でなくても作業できるようにした。車両の組み立てバリエーションは，極めて多く，大型400車系，中型150車系以上が混流ライン上を流れており，それぞれ作業内容も異なっている。日産ディーゼルでは，1台ごとに必要な作業時間を事前に割り出し，それに合わせて，次の車両との間隔を任意に変化させる「可変流しピッチ方式」という生産方式を採っている。また，エンジンラインと同様に，何百もある組み立てバリエーションの中から，その1台につき必要な部品を，ひとつの部品棚にまとめて，車両のそばに配置するようにした[11]。

　日産ディーゼルは，デイリー変更や急なオーダーに対して「追加生産」や，納期を早めるための「前倒し生産」によって対応しているため，販売部門から得た車型・仕様・オプション・希望納期などの受注情報を，生産計画情報として早め早めにサプライヤーに提供している。部品メーカーと一緒になって生産管理，出荷管理などの改善を行い，欠品や納期遅れのないようにしている。仕様のデイリー変更システムでは，旬間の生産計画で決めた仕様でも，顧客から仕様変更を求められた場合，タイヤ，ホイール，バッテリーなどはオフラインの3日前であれば，変更できるようになった。2001年8月現在では92アイテムの仕様がデイリー変更できる。オーダー締め切りから工場出荷までの生産リードタイムは，1998年には19日だったが，2001年8月現在の基準リードタイムは

15日に短縮された。

　さらに，日産ディーゼルでは，顧客をできるだけ工場へ招待して，インターネット技術を使い，顧客の注文したトラックがラインのどこにあるか，ライブ映像で見られるようにしてある。さらに，顧客立会いの「オフライン式」も始めており，引き渡しのセレモニーが行われる。工場に顧客が来るようになれば，作業員も，より緊張感を持って作業するようになり，車を品質良く造り込むインセンティブにもなる。このように，サプライチェーン全体で顧客に向きあうことが受注生産では大切であろう[12]。

　完成車物流では，いつ，どこへ，どのような車を何台，輸送するのかを予測し，効率的な輸送を手配するのが，自動車メーカーと輸送会社の共通の課題であろう。輸送会社にとって，生産される前に予測した行き先とその車両の生産予定順序の正確さが，効率的かつ迅速な輸送に必要となる。これも，自動車メーカーからの早めの情報伝達が鍵となる[13]。

　次に，トヨタの生産と車種について見てみよう。トヨタでは，1992年9月に，色，内装，ボディー，オプションといった点で約4万種類以上に上る車を，約20万台販売した。そのうちの80％の車は，4万種類の内の20％を占めているにすぎない。残りの20％の車は，多様な種類であった。トヨタは，あまり販売台数の出ない80％の種類を切り捨てることも可能であったが，業績維持のために，あくまで多くの種類を維持している。大野耐一は，この生産の仕方を競馬の賭けにたとえて，以下のように説明した。多くの種類の中から車を選択して生産し，それを在庫にしないのは，トヨタが発走前に賭けるのではなく，馬がゴールインする100分の1秒前に賭けを張ることができるからである。つまり，生産計画を実際に生産が始まる数週間前に立てるならば，需要と供給の狂いが生じるが，トヨタは生産の決定をなるべく遅らして，顧客が注文を出した後に生産することが可能なのである[14]。トヨタの例が示すように，生産計画の決定を，なるべく生産の始まる直前まで遅らせたり，受注してから生産を始め，多種多様な車を迅速に供給することが求められているのである。

4 おわりに

わが国の自動車メーカーの中から，販売台数の多いトヨタと日産を選び，国内生産台数，輸出台数，国内販売台数を検討した。そこから，2社の程度こそ異なるが，「実際の需要に沿った供給体制」が重視されているのが理解された。需要と供給量の見事なバランスは，「需要予測の精緻化」や，「輸出を上手に使い，販売台数と生産台数の乖離を少なくしている」ためであったり，「受注生産比率が高い」ためであることが理由として考えられる。このような「需要と供給量のバランス」は，確かに，受注生産によって実現できるが，一方，見込み生産を廃止し，100％完全な受注生産にすると，かえって企業の業績の低下を招くであろう。見込み生産と受注生産の混合型を採り，受注生産比率を高めていくことが得策であろう。混合型の中で受注生産の納期を14日にすることが，世界の自動車メーカーの目標となっている。

納期を短縮するためには，効率的な受注生産サプライチェーンを構築することが最重要課題である。製品アーキテクチャの面から考察すると，製品の差別化の際に標準的な仕様まで作っておき，受注の時点で製品の差別化をすると，リードタイムが短縮化される。受注生産においては，拡張型生産座席予約システムを導入すると，段階別の意思決定点を挿入できるし，最終的な生産計画を固定する意思決定を遅らせることができる。個別の製品アーキテクチャは，部品の供給，生産，物流での意思決定にある程度の影響を及ぼす。製品のアーキテクチャがモジュラー化するほど，製品差別化をする意思決定を遅らせることができる。受注の情報は，関係部署および会社に早め早めに伝え，製品の差別化の意思決定は遅らせることが，受注生産のリードタイムを短縮する鍵となろう。

(注)

1） 日本経済新聞，2005年9月23日付．
2） 2004年7月26日，呉在恒，「ＢＴＯ（個別受注）方式はなぜ難しいか」三菱重工ビルにおける講演より．
3） Holweg, M., Pil, F. K. *The Second Century:Reconnecting Customer and Value Chain through Build-to-Order,* MIT Press, Cambridge, 2004, in Matthias Holweg, Stephen M. Disney, Peter Hines, Mohamed M. Naim, Towards responsive vehicle supply：a simulation-based investigation into automotive scheduling systems, *Journal of Operations Management,* Vol. 23, Issue 5, July 2005, p. 508.
4） Elias, S. *New Car Buyer Behaviour, 3 Day Car Research Report,* Cardiff Business School, 2002, in Matthias Holweg, Stephen M. Disney, Peter Hines, Mohamed M. Naim, Towards responsive vehicle supply：asimulation-based investigation into automotive scheduling systems, *Journal of Operations Management,* Vol. 23, Issue 5, July 2005, p. 508.
5） Williams, G., European new vehicle supply-the long road to customer pull system, *ICDP Journal 1* (1), 1999, pp. 13～21.
6） Hertz, S., Johannsson, J. K., de Jager, F. Customer-oriented cost cutting：process management at Volvo, *Supply Chain Management* 6 (3), 2001, pp. 128～141.
7） 「受注生産方式で車両在庫の圧縮と納期短縮の両立？日産ディーゼルの「お客様基点」のトラックづくり？」宝井繁夫，JAMAGAZINE，2001年8月号．http://www.jama.or.jp/lib/jamagazine/200108/14.html
8） Lee Krajewski, Jerry C. Wei and Ling-Lang Tang, Responding to schedule changes in build-to-order supply chains, *Journal of Operations Management,* Vol. 23, Issue 5, July 2005, pp. 452～469.
9） Sebastian K. Fixson, Product Architecture assessment：a tool to link product, process, and supply chain design decisions, *Journal of Operations Management,* Vol. 23, 2005, pp. 345～369.
10） Jack C. P. Su, Yih-Long Chang, Mark Ferguson, Evaluation of postponement structures to accommodate mass customization, *Journal of Operations Management,* Vol. 23, 2005, pp. 305～318.
11） 「新しい取り組み，新しい試み，そして新しい人…お客様のニーズに応えるためのライン」，JAMAGAZINE，2000年6月号．http://www.jama.or.jp/lib/jamagazine/200006/13.html
12） 「受注生産方式で車両在庫の圧縮と納期短縮の両立？日産ディーゼルの「お客様基点」のトラックづくり？」宝井繁夫，JAMAGAZINE，2001年8月号．http://www.jama.or.jp/lib/jamagazine/200108/14.html
13） JAMAGAZINE，2001年5月号．http://www.jama.or.jp/lib/jamagazine/200105/08.html
14） H・トーマス・ジョンソン，アンデルス・ブルムズ著，河田信訳『トヨタはなぜ強

第2章 受注生産サプライチェーンを効率化する製品アーキテクチャ

いのか』日本経済新聞社,2002年,121～122ページ。

(参考文献)

山田太郎『製造業のPLM・CPC戦略』日本プラントメンテナンス協会,2002年。

Anantaram Balakrishnan, Joseph Geunes and Michael S. Pangburn, Coordinating Supply Chains by Controlling Upstream Variability Propagation, *Manufacturing & Service Operations Management,* Vol. 6, No. 2, Spring 2004, pp. 163～183.

A. Gunasekaran and E. W. T. Ngai, Build-to-order supply chain management: a literature review and framework for development, *Journal of Operations Management,* Vol. 23, 2005, pp. 423～451.

Jennifer Blackhurst, Tong Wu, Peter O'Grady, PCDM : a decision support modeling methodology for supply chain, product and process design decisions, *Journal of Operations Management,* Vol. 23, 2005, pp. 325～343.

Matthias Holweg, Stephen M. Disney, Peter Hines, Mohamed M. Naim, Towards responsive vehicle supply: a simulation-based investigation into automotive scheduling systems, *Journal of Operations Management,* Vol. 23, Issue 5, July 2005, pp. 507～530.

Qing Cao and Shad Dowlatshahi, The impact of alignment between virtual enterprise and information technology on business performance in an agile manufacturing environment, *Journal of Operations Management,* Vol. 23, Issue 5, July 2005, pp. 531～550.

Samar K. Mukhopadhyay and Robert Setoputro, Optimal return policy and modular design for build-to-order products, *Journal of Operations Management,* Vol. 23, Issue 5, July 2005, pp. 496～506.

William J. Christensen, Richard Germain and Laura Birou, Build-to-order and just-in-time as predictors of applied supply chain knowledge and market performance, *Journal of Operations Management,* Vol. 23, Issue 5, July 2005, pp. 470～481.

Z. Kevin Weng & Mahmut Parlar, Managing build-to-order short life-cycle products: benefits of pre-season price incentives with standardization, *Journal of Operations Management,* Vol. 23, Issue 5, July 2005, pp. 482～495.

第 3 章

自動車産業における効率的なサプライチェーン

1 はじめに

　近年，国内の自動車産業は成熟化の傾向にある。自動車メーカー各社は，顧客の多様なニーズに俊敏に対応する必要があり，魅力ある新車を次々と市場に導入すると共に，受注した車をすぐに納入できる生産体制へと移行しつつある。

　自動車は，多くの部品から構成されているため，そのサプライチェーンには数多くの企業が参加している。したがって，自動車のサプライチェーンを効率的にすることは，とりもなおさず，そのサプライチェーンに参加する企業の業績を高め，他のサプライチェーンよりも競争優位を持つことにつながる。

　自動車産業における効率的なサプライチェーンとは，サプライチェーンを通して不良在庫が少ないことを意味しており，かつ，サプライチェーンを通じて得られる利益や，脅威となるリスクを各企業に適切に配分することであろう。本章では，トヨタグループのデンソーを例にとって，実際に，「生産コストの変動リスク」，「需要の変動リスク」，「在庫リスク」にどのように対処しているのかを明らかにする。その上で，自動車産業における効率的なサプライチェーンのリスク・プロフィットシェアリングのあり方を考察する。

2 効率的なサプライチェーンに関する先行研究のレビュー

　Lee (2004) は，効果的なサプライチェーンには，(1)俊敏性 (短期的な需要変動にすばやく対応できる)，(2)適用力 (市場の構造変化に対する長期的な対応)，(3)利害の一致 (サプライチェーン全体の成果を上げるためのインセンティブ体系) が存在すると述べている[1]。

　企業が，取引企業に対して，「信頼」と「契約」のどちらに基礎をおいて行動しているかで，俊敏性が分かれると思われる。日本では取引の最初に結ばれる包括的，基本的契約があるが，詳細なことを書面にした契約はない。これは，ある意味で，信用，信頼を基にした取引と言えよう。たとえば，1997年のアイシン精機の工場火災の際，他のサプライヤーがブレーキ関連部品の代替生産を正式な契約なしで行った。このような非常事態においては，正式な代替生産の契約を結んでから生産をしていたのでは，多くの時間を費やす。リスクが顕在化した場合，信頼または暗黙の了解に基づいて成される行動には，俊敏性がある。一方で，契約を主体としたオープンな取引は，素早く適切な取引相手に切り替えることによって，市場の変化に迅速に対応できる面もある。

　受注生産における「俊敏性」は，未だアメリカよりも，日本のサプライチェーンの方が優れている。たとえば，アメリカでは，「ロケイト・ツー・オーダー（LTO）」，日本では「ビルド・ツー・オーダー（BTO）」と言われている。ビルド・ツー・オーダー（BTO）では，注文が入り次第，バリューチェーン全体に情報を送り，速やかな納車を目指す。カーメーカーは，生産スケジュールの変更や需要の増減に速やかに応じられる柔軟な生産体制が求められる。サプライチェーンを適切に管理し，受注情報をサプライヤーへリアルタイムに流す必要がある。

　ロケイト・ツー・オーダー（LTO）とは，米国でメーカーのサイトで車種や仕様を吟味し，近隣ディーラーに在庫を照会するというシステムである。ディーラーが大量の車両を保有するため，在庫期間は約3か月である。2003年

第3章　自動車産業における効率的なサプライチェーン

には在庫が393万台という最悪の事態に陥った。しかし顧客は希望通りの車を即座に選べるし，納品までの時間はかからない。一方，地価が高い日本では在庫を持つこと自体がコスト高になるという理由から，ＢＴＯ（ビルド・ツー・オーダー）の取り組みが進んでおり，在庫期間は約1か月で，米国よりも短い。しかし顧客は納車まで数週間から1か月程待たなければならない。ＢＴＯは在庫削減の有効手段ではあるが，メーカー側の生産効率化と顧客側の満足を両立させるには，さらに受注プロセスを迅速化し納車期間を短縮することが課題となる。その対応策として，カラーやオプションに種類を持たせる一方で，プラットフォーム（車台）の共有化やモジュール生産，車体の簡素化があげられる[2]。

　市場の構造変化に対する長期的な「適用力」は，長期的な取引関係に基づいた学習や技術開発から生まれやすい。その際，取引企業との信頼関係がないと，「機会主義的な裏切り」が起こり，市場の構造変化に対する長期的な「適用力」を構築できない。たとえば，その「適用力」の構築に問題を抱えているフランスの大部品メーカー，ヴァレオと自動車メーカーとの関係を見てみよう。ヴァレオは，システム部品やモジュール部品を自動車メーカーに供給している。現在，7か国に250万個のモジュールを供給しており，1日に1,800のフロントエンドモジュールを供給している。ヴァレオの組立作業員は完成車メーカーの工場内で働いている。その際，自社と完成車メーカーとの間で責任範囲の問題が生じている。ある自動車メーカーは，納入や組み付けの責任しか，ヴァレオに負わせない。またある自動車メーカーは，責任を全部ヴァレオに押し付けてくる。たとえば，2次下請けの選択とか，設備投資への参加や物流計画への参加などである。ヴァレオにとって最も困るのは，責任があると考えていたのに，経営資源を使った後に責任がないことを認識した場合である。その場合，使った費用に対する見返りがなくなる。今日，そのようなリスクのために破綻したグローバル・サプライヤーも存在する。このような取引相手に対する信頼性の欠如は，自社の経営資源を適切に活用できなくなるリスクを孕んでいる[3]。

　「利害の一致」とは，取引相手と自社との関係がゼロサムの関係ではなく，

サプライチェーンから生ずる利益やリスクが当事者間で適切に分配されることを意味する。日本の自動車メーカーのリスクテイク行動を考察してみよう。

サプライチェーン上のリスクには、「生産コストの変動リスク」、「需要の変動リスク」、「在庫リスク」（機会損失リスクと裏腹）がある。Asanuma & Kikutani (1992) は、日本の自動車メーカーは、「生産コストの変動リスク」の90%以上を負担していると述べている。岡室 (1995) は、自動車メーカーが、「需要の変動リスク」も負担しているとした。Lieberman and Asaba (1997) は、日本ではアセンブラーとサプライヤー双方に、同程度の在庫削減と生産性の向上が見られたが、アメリカではアセンブラーのみの在庫削減と生産性の向上が見られたと述べている。つまり、アメリカでは、サプライヤーが在庫リスクを負い、アセンブラーがそれによって利益を得ていることを示唆している。浅沼 (1984) は、わが国のアセンブラーとサプライヤー間の取引価格について、原材料の価格上昇が取引価格へ転嫁されることを証明した。部品メーカーの金型の減価償却費についても、償却不足をアセンブラーが補償し、部品メーカーの長期的な設備投資を行うインセンティブへとつなげていた。逆に金型の減価償却が終了した部品については、単位当たりの費用に見合う分だけ部品の取引価格が引き下げられていた。

企業がリスクを負担するということは、そのリスクを軽減するための努力をするということになる。したがって、サプライチェーンに参加する全企業が部分的にリスクを負担するようにすれば、各企業は努力をし、経営の効率化を図るようになるであろう。また、リスクだけでなく、サプライチェーン上の企業間で利益が適切に分配されるならば、それがインセンティブとなり、結果として、各企業の業績が高まり、効率的なサプライチェーンを形成することになる。

日本の系列部品メーカーは、長期取引慣行の下、積極的に技術開発や設備に投資できる。一方で、自動車メーカーは、系列部品メーカーに対して、価格や技術面で優れた系列外の部品メーカーにも発注する可能性を示したり、部品を内製したり複社に同一部品を発注して、他社との競争をインセンティブとして利用しており、価格を管理しようとしている。そのため、部品メーカーは自動

第3章 自動車産業における効率的なサプライチェーン

車メーカーの要望に沿うように努力をする。実際には，その努力に見合うような技術的，資金的支援や取引の継続が行われている。

フランスでは，近年，自動車メーカーは部品メーカーと長期取引をするという前提で，部品メーカーに自社内投資を希望したが，長期取引に対して懐疑的であった部品メーカーは投資に対して消極的であった。この解決策として，フランスの自動車メーカーは長期取引をするという契約を結ぶこととなった[4]。フランスでは，契約といった書面が，部品メーカーの関係特殊投資を引き出すのに必要となる。それだけ，フランスでは，関係特殊投資は，一方的なリスクテイクになりやすいのである。

一方，トヨタは，有力な部品メーカーを探し，長期的に共存共栄しようとする。トヨタは部品メーカーにリスクを転嫁するのではなく，吸収しようとする[5]。つまり，不景気の時に，部品の納入数量を小さくしたり，部品価格を下げさせて，部品メーカーをバッファーとして活用するのではない。不景気の時には，部品メーカーの部品価格や数量を従来通り維持しようとしており，トヨタがリスクを負うという傾向が検証されている。このようにアセンブラーと取引する上で，信頼関係を構築してきた日本の部品メーカーが，北米カーメーカーと取引をすると，サプライチェーン上のリスクや利益の配分方式が以下のように異なり，戸惑う点もある[6]。

1．取引価格重視。部品技術を高度化させても，価格をあげることを認めない。技術に対する適正価格を認めない。（部品メーカーの経営を犠牲にして，アセンブラーが利益を確保）
2．取引規模は大きいが，短期契約であり，モデルチェンジごとに契約。（長期の設備投資，技術革新がしにくい。投資リスクはサプライヤーが負う）
3．生産計画と実際の生産量との乖離。部品メーカーにとって，増産投資計画が立てにくい。

企業間のリスクは，企業が独自でリスクを負担するか，または自社の経済力

を活用して相手企業にリスクの負担を強制するという一方的な負担がある。しかし，これはパートナーとなった双方の企業に悪影響を及ぼすことがありえる。その結果，双方の企業でリスク・シェアリングをするのが重要であろう。

リスクには，企業外の要因から生ずるリスクとして災害がある。次に，1997年2月に起こったアイシン精機の工場火災により，ブレーキ関連部品の供給が全面停止した例から，トヨタグループのリスク・シェアリングを考察する。

3　リスク・シェアリングのケース・スタディ

アイシン精機は，特定のブレーキ関連部品の独占供給者であり，それはトヨタの全車両に取り付けられていた。1997年2月に，アイシン精機のブレーキ関連部品の工場に火災が起きた。ＪＩＴ納入のため，そのブレーキ関連部品の在庫は2日分のみであった。そのため，部品を作ったことのない62社が代替生産をすることになった。その際，ブレーキ関連部品の技術所有権や金銭面の駆け引きは，皆無であった。約300人のトヨタの生産管理，保全，生産技術，購買，品質管理，資材搬送部門の社員が，3週間に渡りアイシンに派遣され，組立ラインの設置活動を支援した。トヨタ社員は工作機メーカーにも派遣され，アイシンの損傷したトランスファー・マシンの修理を手伝った。また，アイシンに部品を納入しているサプライヤーから，アイシンへ約250名が支援に来た。代替生産した企業の労務費，機械・工具コストなどがかさんだが，これらの企業は費用の補償について取り決めなしに生産にとりかかっていた。デンソーはアイシンから労務費，設備，特注オイル等の補償として3億円を支払われた。トヨタの一時的な組立工場閉鎖に伴い，関連部品を生産できなかったサプライヤーには，逸失利益の補償をトヨタが行った。また，トヨタは1997年1月初頭から3月末日までのトヨタの売上金額の1％相当額を1次サプライヤー全社に追加的に支払った。その額は，総額150億円に上った。トヨタからの支払い金額の大半を，1次サプライヤーのほとんどが，トヨタからの強制や示唆なしに，彼らの2次サプライヤーに移転した。2次サプライヤーは3次サプライヤーに

第3章 自動車産業における効率的なサプライチェーン

同様に移転した。このアイシン精機の火災により，JIT納入が，図らずも災害時に脆弱さを露呈してしまったが，トヨタはこの事件以降もJITを継続した。在庫コストを考え，大量在庫を避けるためである。この火災で，トヨタを始め，各サプライヤーは，自社の利益の最大化を考えるのではなく，トヨタグループの利益の最大化を考えて行動したことが把握できる。このような行動様式がサプライチェーンを効率的に保っており，それが，長期的には自社の利益の最大化につながっていると思われる。この火災の全責任はアイシンにある。それが原因で，関係する会社の生産が全てストップしてしまった。もちろん，トヨタも生産がストップしてしまった。しかし，自動車メーカーであるトヨタが，サプライチェーンの生産ストップによる逸失利益の補償を行った。つまり，トヨタがリスクテイクをしたのである。トヨタが払った補償金が，1次サプライヤーへ，そしてそこから2次サプライヤー，3次サプライヤーへと行き渡り，トヨタのサプライチェーンに参加する企業のリスクが緩和されたのであった[7]。

　外国の自動車メーカーは，契約を前提としたリスク・シェアリングが行われている。ダイムラー・クライスラーは，スマートの生産を年産20万台，計画した。しかし，その後5年間，この計画を達成できずに，目標を13.5万台に修正した。納入サプライヤーには，最低年産20万台の調達を保証していたので，ダイムラー・クライスラーは，この台数を到達できない場合の補償支払いを契約に沿って支払った。2000年にサプライヤーに5.36億ユーロ支払われた[8]。ダイムラー・クライスラーは，契約に沿って，リスクをサプライヤーとシェアしている。契約がないと支払いは行われない。

　日本と欧米のサプライチェーンにおける取引において，日本は「信用，信頼」が，欧米では「契約」が経営活動を促進する「中核」となっていることが把握できた。効果的なサプライチェーンの構成要素である(1)俊敏性，(2)適用力，(3)利害の一致という面では，日本の自動車産業における「信用，信頼」に基づいた取引の方が有利であると思われる。

4　情報システムのオープン化

　わが国の自動車メーカーと部品メーカーの情報インターフェースは，独自の専用回線でつながっているため，取引相手のスイッチング・コストが双方にかかる。そのため，一度，情報投資をすると，取引を継続させるような圧力が生じる。したがって，取引相手を価格だけを考慮して決定することはなくなり，取引相手の能力や技術進歩の向上が重要となる。

　たとえば，大手部品メーカーであるデンソーの情報システムを見ると，現在，図表3－1に示されているように，自動車メーカーごとに情報システムが異なっている。そのため，情報の変換，翻訳，加工，編集といったことに手間がかかり不経済である。しかし，業界で情報システムのオープン化（EDIの標

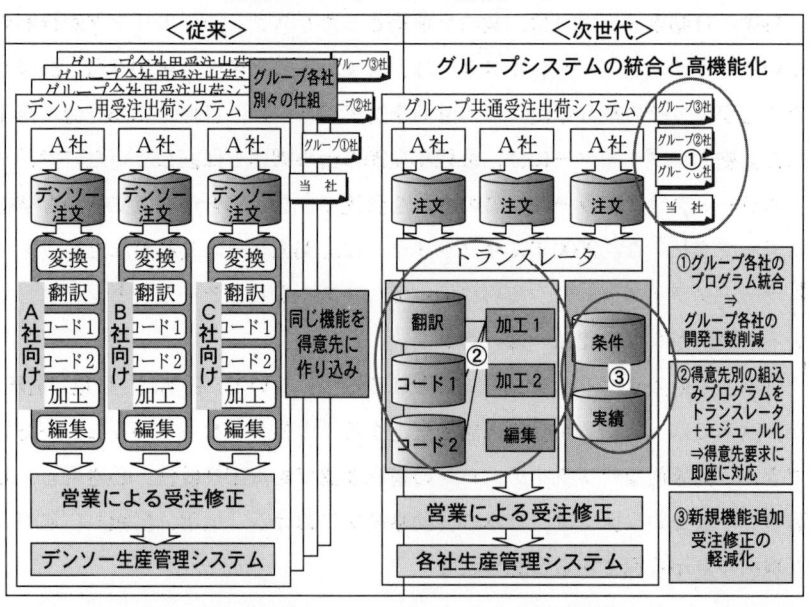

図表3－1　デンソーの情報システム

（出所）　藤井和彦「自動車部品における情報システムと物流高度化に関する調査研究」
　　　　　デンソーテクニカルレビュー，Vol. 9, No. 1, 2004, 144ページ。

準化）が目指されており，将来的には，必ずや実現されるであろう。情報システムがオープン化しても，特定自動車メーカーと部品メーカーの長期取引，信頼，協調関係は継続できるのであろうか。

このことを考察する前に，アメリカの伝統的なサプライチェーンを見てみよう。

かつて，GMは社内サプライチェーンを使用し，垂直統合型組織であった。部品内製率は60～70％であり，残りの部品に関しては，数千～数万社の外部サプライヤーと価格中心の入札方式による短期的取引をしていた。すなわち，内製か市場での短期的取引かという2極化をしていた。価格競争についていけない外部のサプライヤーは，取引中止ということで，一方的にアセンブラーが権力を掌握していた。しかし，GMは日本の効率的な系列を参考にして，内部の部品事業部を切り離した。アメリカの自動車部品のサプライヤーは，日本と異なり，情報システムのインターフェースがオープン化されており，どの自動車メーカーとも同じ情報のフォーマットで取引できる。切り離された部品メーカーは，他社と競争することによって，価格，品質面でより競争力を持つようになった。一方，アメリカの自動車メーカーは世界中から最適なサプライヤーを選択できるようになったが，これまでよりも中長期的取引へと変わりつつある[9]。

日米の取引形態を比較すると，アメリカでは，従来，「取引相手多数」と「短期取引」をしていたが，近年，「情報システムのオープン化」の下で「取引相手の絞込み」をし「中・長期取引」へと変化しつつある。一方，日本では，「情報システムのクローズ」の下で，「取引相手少数」と「長期取引」をしていたが，将来は，「情報システムのオープン化」へと業界で努力がなされており，「取引相手少数」からグローバルに少し増加させつつあり，長期取引は大きく変わらないようである。

情報システムのオープン化は，取引相手を自由に選択できるため，自由な競争環境である。しかし，短期的な取引相手の切り替えは，技術力の向上へとは結びつかなくなる可能性がある。技術支援，指導，イノベーションへの努力は

長期的に効果が現れるためである。したがって，情報システムのオープン化により，サプライヤー間により多くの競争が取り入れられても，アセンブラーとの中・長期的取引傾向は大きく崩壊はしないであろう。長期取引，信頼，協調関係を軸としたオープンな情報システムの下での緊密な関係が，今後の傾向となろう。

次節では，信頼，協調を基にしたわが国のアセンブラーとサプライヤーの取引関係において，現場でいかにリスクや利益の分配が行われているのかをケースで考察する。

5 価格調整と数量調整に関するケース・スタディ

(1) トヨタグループと日産グループの価格調整

デンソーはトヨタに電気，電子部品を納入する1次サプライヤーである。デンソーは，2次サプライヤーから購入する部品費を決定する際，仕入先の育成，部品に使用される技術などを勘案して，政策的に決定している。単純に部品の価値だけで決定するのではない。

次に，トヨタがサプライヤーの調達コストをどのように決定しているのかを検討する。系列部品メーカーは関係特殊投資を行い，特殊な金型，設備投資，部品の生産を行ってきた。そのために，親会社である自動車メーカーは，系列の部品メーカーに対する発注量（取引金額）を減少させないようにするインセンティブを持っている。さらに，部品の開発段階から相互に連携し，製品設計や原材料，製造方法まで徹底的にカイゼンし，原価を低減させながら相互の売上高利益率を高めようという活動が行われている。

2000年7月より，トヨタは部品の標準化，汎用化を前提に，ＣＣＣ21 (Construction of Cost Competitiveness 21) と呼ばれる原価低減活動を，サプライヤーを巻き込んで実施している。これは，部品調達総額の90%を占める主要173品目について，コストを劇的に低下させることを目的とした活動である。

図表3－2は，2002～2005年度のわが国自動車メーカーの原価低減額寄与額

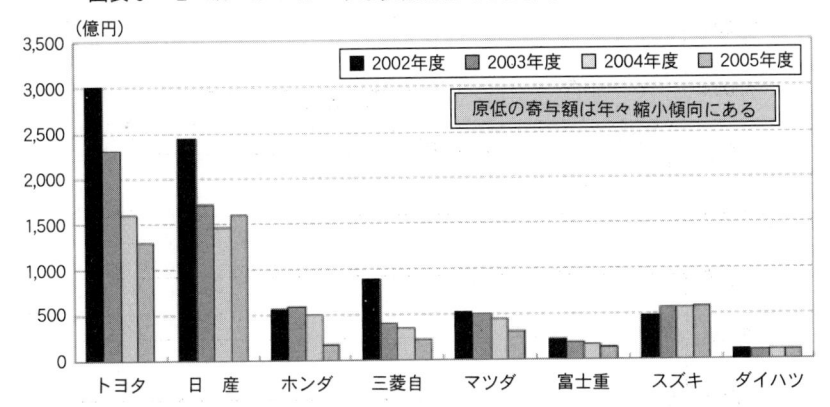

第3章 自動車産業における効率的なサプライチェーン

図表3−2 カーメーカーの原価低減額寄与額推移（2002〜2005年度）

（出所）島田豊彦「カーメーカーの世界最適調達方針に対する日本の部品メーカーの対応と課題」2006年6月15日自動車部品生産システム展（日刊工業新聞社）の開催シンポジウム資料より。

推移を表したものである。この時期は，トヨタグループだけでなく，他の自動車メーカーのグループも原価低減活動を行っていた。ここに示された原価低減額は，部品メーカーの努力の額を表しているといっても良い。この額があまりに大きいと，部品メーカーの業績が低下してしまう。

トヨタの調達において，『注射』という用語がある。これは，トヨタが部品メーカーの部品納入価格を引き下げすぎて，部品メーカーが赤字になりそうになると，トヨタが部品の価格を引き上げることをいう。『注射』の対象となる部品メーカーは，トヨタの出資比率が高い企業である[10]。この『注射』によって，デンソーのようなトヨタ系列の重要なサプライヤーの売上高営業利益率が大きく低下することが避けられた。2001年〜2006年にかけてのトヨタとデンソーの売上高営業利益率は，図表3−3の通りである。

トヨタの系列部品メーカーは，トヨタからの厳しいコスト削減要求（CCC21等）にも関わらず，取引を継続するのは，金融面のメリットが大きいのも一因である。トヨタとの取引は，毎月15日締めの翌月16日払いで，支払いは80％が現金の口座振込みだからである。残りの20％は，3か月後の25日に一括払いされる。自社の支払いは，3か月から6か月後であるため，トヨタとの取引は，

図表3－3　トヨタとデンソーの売上高営業利益率（2001～2006年）

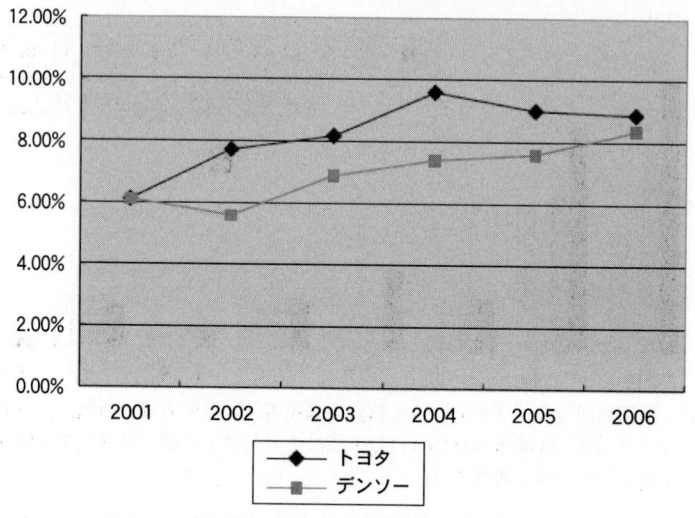

（出所）　有価証券報告書より作成。

図表3－4　売上高営業利益率の推移

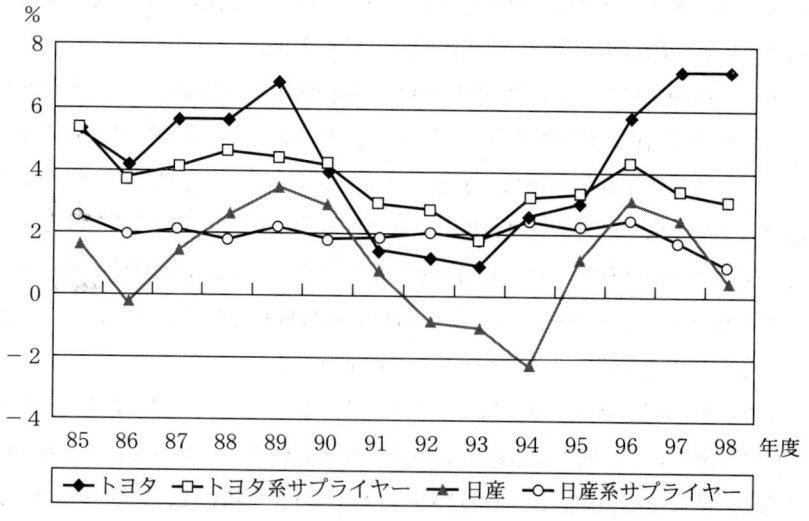

（出所）　下野由貴「サプライチェーンにおける利益・リスク分配：トヨタグループと日産グループの比較」組織科学, Vol.39, No.2, 2005年, 73ページ。

第 3 章　自動車産業における効率的なサプライチェーン

キャッシュ上，余裕が出るのである[11]。

　この『注射』の成果は，図表 3 － 4 の「1985～1998年のトヨタグループの売上高営業利益率の推移」にも見られる。トヨタグループでは，トヨタが利益の増減に対して変動リスクを負い，サプライヤーの売上高営業利益率を一定に保っているのが分かる。トヨタは変動リスクを負う代わりに，リスクプレミアムとして，利益を出している時に多くの利益を取り，売上高営業利益率がサプライヤーよりも高くなっている。トヨタグループでは，自動車メーカーとサプライヤー間のリスクおよびプロフィット・シェアリングシステムがうまく機能している。

　日産グループでも，日産が変動リスクを負い，利益の減少分を単独で負担している。しかしながら，利益の出ている時に，日産はリスクプレミアムを獲得

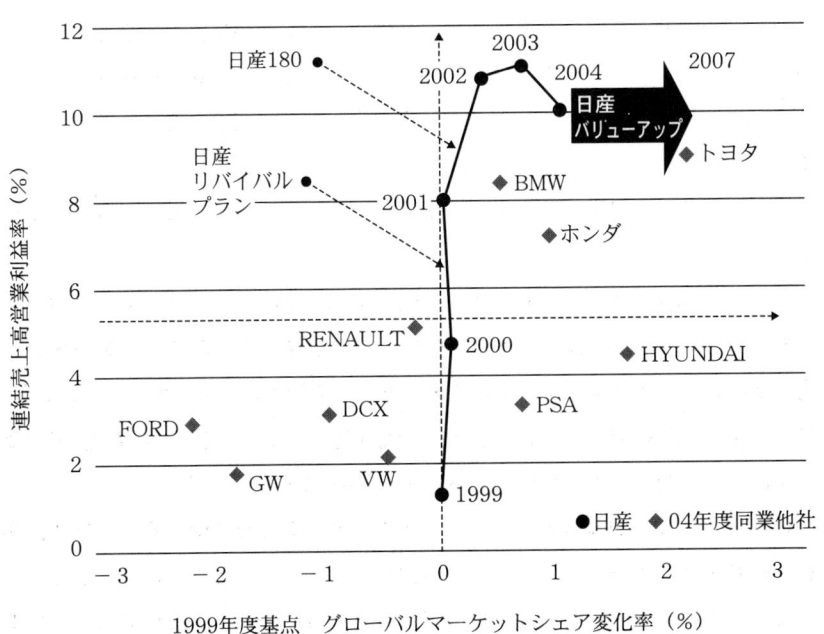

図表 3 － 5　日産の売上高利益率とマーケットシェアの変化

1999年度基点　グローバルマーケットシェア変化率（％）

（出所）　西沢正昭「日産自動車の企業改革と人事戦略」2006年 8 月28日，社会経済生産性本部でのプレゼンテーション資料より。

することができず，サプライヤーとそれほど変わらない利益率である。日産のサプライヤーの利益率の変動は一貫して少ない。この期間は，サプライヤー側の依存と日産の管理不能が顕著な時期であり，サプライチェーンにおける双方の協働が機能していない。

　1999年，ルノーとの提携後，日産はサプライヤーの管理不能による一方的なリスク負担から，リスク回避・利益独占型へと移動した。図表3－5は「1999年以降の日産の売上高利益率とマーケットシェアの変化」を表している。1999年以降の2年間の売上高利益率の急回復は，図に示されているように，新車販売によるマーケットシェアの伸びによるものではなく，部品調達コストの低減が大きく寄与していると思われる。日産は，2000年から2年間の原価低減活動により，部品調達費を20％，コストダウンした。また，取引するサプライヤー数を1,100社から800社へ削減した。2002～2004年は，調達コストの15％削減を目指した。しかしながら，あまりにも合理的な取引関係は，自動車の品質を低下させてしまった。その反省から，2005年，「プロジェクト・パートナー制」を導入し，技術力のあるサプライヤーを選定して，長期取引関係を構築しつつある[12]。

　図表3－6は，自動車メーカーが部品メーカーに期待するものが示されている。

　今後，部品メーカーに期待されているもので，「現在」とのギャップが最も大きいものは，「自動車メーカーのリスク負担を軽減できるリスクテーキング力」である。自動車メーカーが部品メーカーに期待する「リスクテーキング力」には，(1)投資負担能力（ロット大型化，開発費負担），(2)弾力性（事業環境変化による部品数量の変動に応じたコストコントロールの力）が挙げられる[13]。

　自動車メーカーが部品メーカーにリスクをとることを期待すること自体，現在，自動車メーカーが部品メーカーの代わりにリスクをとっていることを裏付けている。部品メーカーが投資負担能力を高めるためには，財務的に健全であり，自動車メーカーに依存せずに，自立していることが重要であろう。近年，部品メーカーの納入自動車メーカー数が増大しており，1993年に平均して5.27

第3章　自動車産業における効率的なサプライチェーン

図表3－6　自動車メーカーが部品メーカーに期待するもの
「現在注力していると思われること」と「今後いっそう強化すべきこと」（複数回答）

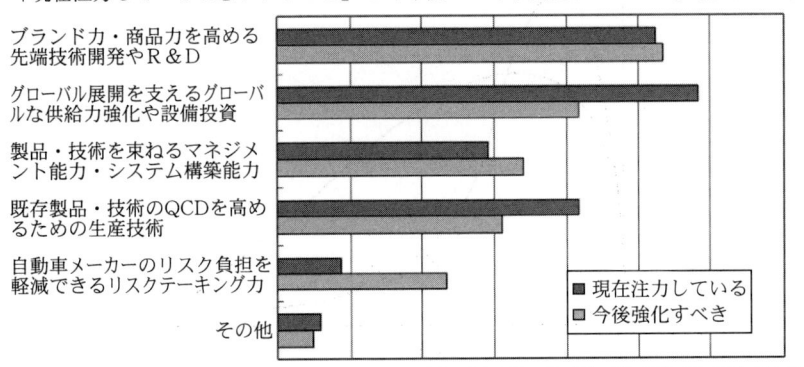

項目	現在注力している	今後強化すべき
ブランド力・商品力を高める先端技術開発やR＆D	約50%	約55%
グローバル展開を支えるグローバルな供給力強化や設備投資	約60%	約40%
製品・技術を束ねるマネジメント能力・システム構築能力	約30%	約40%
既存製品・技術のQCDを高めるための生産技術	約45%	約30%
自動車メーカーのリスク負担を軽減できるリスクテーキング力	約10%	約25%
その他	約5%	約5%

（出所）島田豊彦「カーメーカーの世界最適調達方針に対する日本の部品メーカーの対応と課題」2006年6月15日自動車部品生産システム展（日刊工業新聞社）の開催シンポジウム資料，36ページより。

社であったが，2004年には6.42社に増加した[14]。自動車メーカーは，部品技術の漏洩コストよりも，部品の大量生産によるコスト削減効果の方を選択しつつある。また，部品メーカーも顧客数を増加させることにより，景気減退時の生産低下リスクを回避する傾向が出てきた。総じて，サプライチェーンで生ずるリスクを，企業間で調整してはいるが，アセンブラー側は今後，より多くのリスク負担を部品メーカーがとることを期待しているのである。

次に，リスクテイクの1つである「弾力性」（事業環境変化による部品数量の変動に応じたコストコントロールの力）を，デンソーの例で考察する。

(2) デンソーの数量調整

自動車メーカーは，完全な受注生産ではない。完全な受注生産だとすると，調達計画や生産計画の変動が大きくなり，安定的な生産，生産の平準化ができない。企業は生産の平準化により，設備の稼働率を高め，製造コストを削減しているからである。

サプライヤーにとって，近年，図表3－7のように納入部品のプロダクト・

図表3－7　納入部品のプロダクト・ライフサイクル

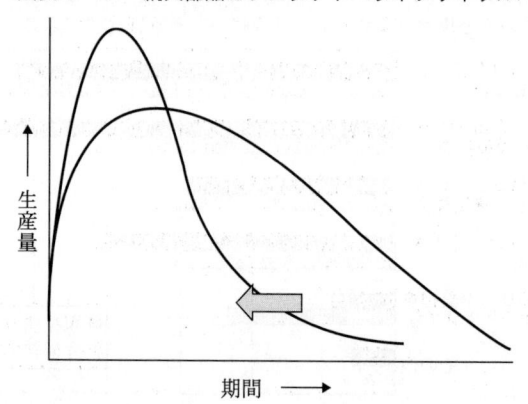

縦軸：生産量　横軸：期間

（出所）　高野健一郎「設備・工程設計へのＴＩＥ思想の反映」デンソーテクニカルレビュー，Vol. 9, No. 1, 2004, 50ページ。

ライフサイクルの短縮化傾向によって，全生産数量が減少してきている。全生産量が多い方が，金型や設備投資にかけた費用を回収できるし，製造コストも低下する。しかし，生産の立ち上げ後は，従来よりも生産量が多くなってきており，後の急速な需要の減退をある程度，補っている。

これまでのデンソーの生産システムを振り返ると，以下のような時代を経てきた[15]。

　　1970年代　　単種多量対応
　　1980年代　　多種対応
　　1990年代　　多世代対応
　　2000年代　　量変動対応，環境対応

現在，製品に対する安定的な需要の増加は望めない。需要は不確実であるため，製品の生産量と生産期間を予測するのは難しい。したがって，特定製品の生産量を一定に保つのではなく，生産稼働率を高く維持し，多くの生産品目を生産する生産体制が望まれている。

しかし，自動車部品の製品ライフサイクルは，家電製品ほど短期ではないため，人手を使用したセル生産方式よりも，自動化生産システムを用いて生産体

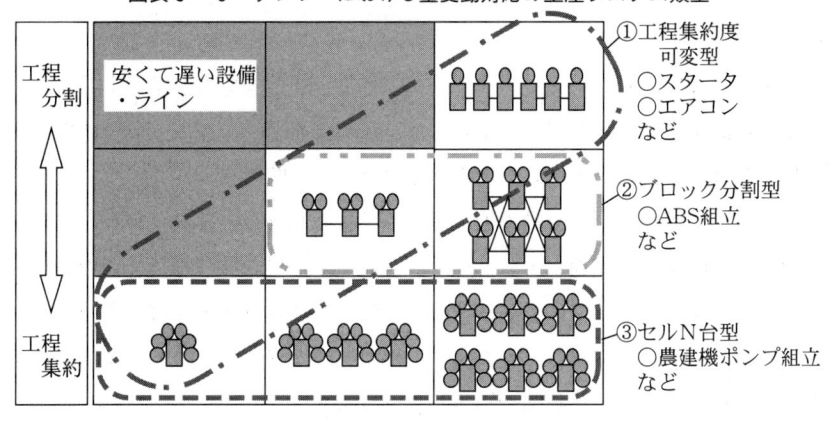

図表3－8　デンソーにおける量変動対応の生産システム類型

①工程集約度可変型
○スタータ
○エアコン
など

②ブロック分割型
○ABS組立
など

③セルN台型
○農建機ポンプ組立
など

（出所）小島史夫「デンソーにおける生産システム技術の現状と展望」デンソーテクニカルレビュー，Vol. 9, No. 1, 2004, 9ページ．

制を構築する必要がある。デンソーでは，生産する部品の特性によって，図表3－8のように3方式の生産ラインを使用している。

　図表3－8の最下層は，工程を集約したセル生産である。デンソーの農建機ポンプ組立は，多くのセルによる生産方式をとっている。需要が少なくなれば，セルの数を減らせばよい。

　デンソーのＡＢＳ（Anti-lock Braking System）組立は，ブロック分割型方式を使用している。ＡＢＳの数量変動は，月に5万〜11万台と激しく，新製品も次々に市場に導入されている。多品種であるが，共通部品も多く，部品の使用数が製品ごとに異なっている。1998年よりデンソー大安工場で開発されたＡＢＳの生産ラインは，トランスファーラインと同等の生産性と品質管理の容易性を持ち，多様な製品を混流で製造し，生産量の変動にも柔軟である。手作業ゾーンと自動化ゾーンを完全に分離し，中間バッファーの存在を容認している。各ラインの実力に応じた稼働時間を設定し，稼働率を向上させた。生産しながら小ライン単位で改善や改造が可能である。量，種の変動によって設備の組み替えを行い，1本の専用ラインにすることも可能な工程編成である。また，部分的に刃具などを替えることによって，多くの製品の種類にも対応できる。各

製品のライフサイクル，同時に複数の製品のライフサイクルへの対応も可能である。

デンソーでは，スタータやエアコンは工程集約度可変型のラインを使用している。自動車用スタータ組立ラインでは，移動機能を持つロボットを活用した自律分散型の新自動化生産システムが開発された。図表3－9のように生産量の増加時には，ロボット台数を追加し，生産量の減少時には，ロボット台数を削減して対応する。移動ロボット自らが，前後の工程の混み具合や他の移動ロボットの状態を検知して，必要に応じて移動する制御方式を保持している。ロボット台数を削減した時は，各ロボットが多くの工程を受け持つことができる。前後の工程で作業すべき製品が滞留している場合は，その工程へ移動して協力できる。

カーエアコンを生産するデンソーの西尾製作所でも，繁閑に応じて自由に長さを変えられる自動化ラインが開発された。生産量が少ない時は，1台のロボットが6つの作業を行う多能工ロボットだが，生産量が多い時は，作業数を減らすかわりにロボットを横につなげて流れ作業をさせている[16]。

以上のように，日々の生産量の変動に対応するために，デンソーでは部品の特性ごとに最適のラインが考案されている。部品メーカーは量変動に対処しながら，設備の稼働率も高く保ち，生産コストを低下させなければならないのである。自動車メーカーから部品メーカーへ生産計画書が行くが，実際には「カンバン」によって納入指示が行く。トヨタは，計画書とカンバンの乖離をプラスマイナス10％以内にして，量変動のリスクを抑えている。

部品メーカーは，生産計画の変更に備えて，ある程度の在庫を必要としている。図表3－10は，1985～1998年のトヨタグループのトータル在庫をトヨタの売上高で割ったものである。トヨタグループのトータル在庫とは，トヨタと主要サプライヤー21社の在庫である。トータル在庫の割合を見ると，サプライヤー21社が50％，トヨタの原材料・仕掛品が20％，トヨタの製品が30％である。在庫リスクの配分は，トヨタとサプライヤー21社間で1：1であり，均等に在庫リスクを負っている。

第3章　自動車産業における効率的なサプライチェーン

図表3－9　移動ロボットを活用した自律分散型生産システム

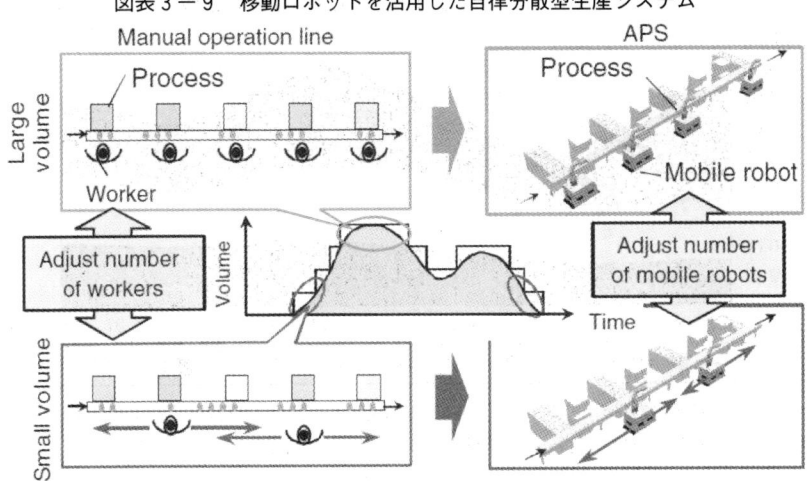

（出所）　光行恵司「ＩＴを活用した生産システム開発の効率化・迅速化・生産システムシミュレーションを用いたリスクアセスメントと分散型開発のための新たなシミュレーション環境」デンソーテクニカルレビュー, Vol. 9, No. 1, 2004, 123ページ。

図表3－10　トータル在庫／トヨタ売上高の推移

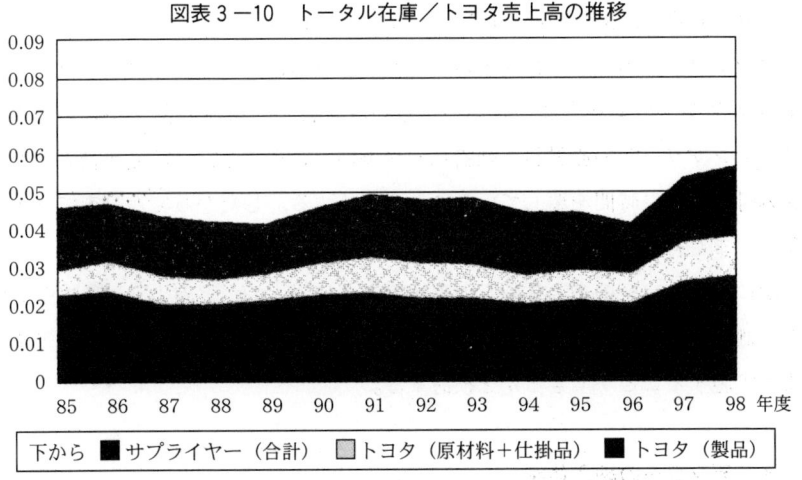

（出所）　下野由貴「サプライチェーンにおける利益・リスク分配：トヨタグループと日産グループの比較」組織科学, Vol.39, No. 2, 2005, 71ページ。

図表3-11 トータル在庫／日産売上高の推移

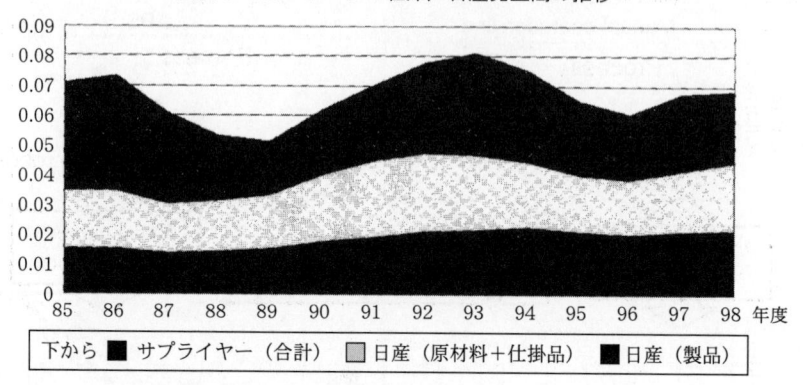

（出所）下野由貴「サプライチェーンにおける利益・リスク分配：トヨタグループと日産グループの比較」組織科学, Vol.39, No.2, 2005, 71ページ。

　図表3-11は，1985～1998年の日産グループのトータル在庫を日産の売上高で割ったものである。トータル在庫に占める日産と主要サプライヤー20社の割合を見ると，サプライヤー20社が30％，日産の原材料・仕掛品が30％，日産の製品が40％である。在庫リスクの配分は，日産とサプライヤー20社間で7：3であり，日産が2.3倍の在庫リスクを負っている。

　アセンブラーの売上高に対するトータル在庫の比率は，日産グループの方が，トヨタグループよりも高い。特に日産の原材料と仕掛品の割合が多い。この「アセンブラー側の原材料と仕掛品」が多いということは，部品が納入されて組み付けまでに時間を要していることを意味する。したがって，日産ではＪＩＴがうまく行われていないと言えよう。

　次に，デンソーの納入体制を考察することによって，どのように「アセンブラー側の原材料と仕掛品」を少なくすることができるか，そして，ＪＩＴをうまく実施することができるかを検討する。

(3) デンソーの納入体制

　自動車の生産は3か月，1か月，旬サイクルなどで生産計画が立てられ，図表3-12のように，一般的に生産日の3～4日前には生産計画の確定情報とし

第3章　自動車産業における効率的なサプライチェーン

図表3－12　部品の受注と納入

■カーメーカーからの内示情報を取り込み生産手配
■確定情報（納入指示情報）で荷揃え～納入

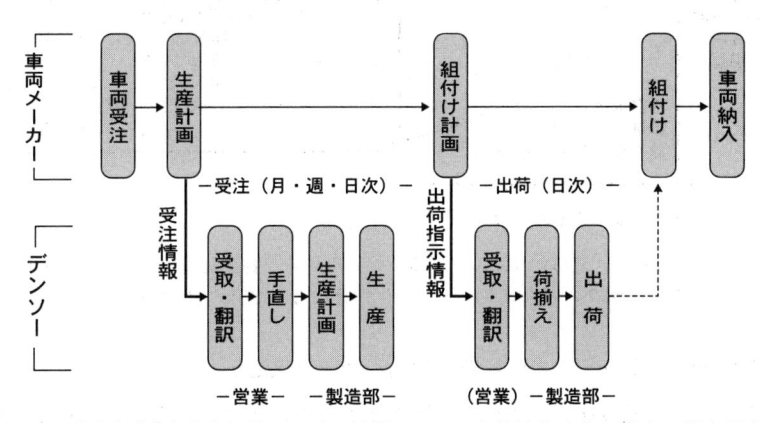

（車両メーカー）車両受注　→　生産計画　──受注（月・週・日次）──→　組付け計画　──出荷（日次）──→　組付け　→　車両納入

（デンソー）受注情報　→　受取・翻訳　→　手直し　→　生産計画　→　生産
　　　　　　　出荷指示情報　→　受取・翻訳　→　荷揃え　→　出荷
　　　　　　　－営業－　－製造部－　　（営業）－製造部－

（出所）　藤井和彦「自動車部品における情報システムと物流高度化に関する調査研究」デンソーテクニカルレビュー，Vol. 9, No. 1, 2004, 142ページ。

て生産順序が決められる。自動車はプレス→溶接→塗装→組立の生産工程を経て生産されるが，塗装工程で調整が発生しやすく，計画した順序がしばしば崩れる。塗装工程で何度塗るかで生産順序が異なってくるからである。生産計画を100％遵守することは難しく，組立ラインで生産が開始される直前に最終的な生産順序が確定することになる。

　ラインを流れる車種が多い場合，また高級車種などを生産している場合も部品点数が多くなる。一方，共通部品の使用や，モジュール化・ユニット化が進んでいれば部品点数は少なくなる。カーメーカーでは，生産順序が決定した段階で，各工程のラインサイドに何の部品をいつまでに何個供給する必要があるかを割り出し，リードタイムを考慮して何時の便で納入するのかを部品メーカーに発注情報として流す。

　1台の車に組み付けられる部品は2万～3万点に上り，部品種類では4,000種類前後存在する。部品は，汎用／非汎用，大嵩／小嵩という特性があり，そ

図表3-13 部品特性による納入条件

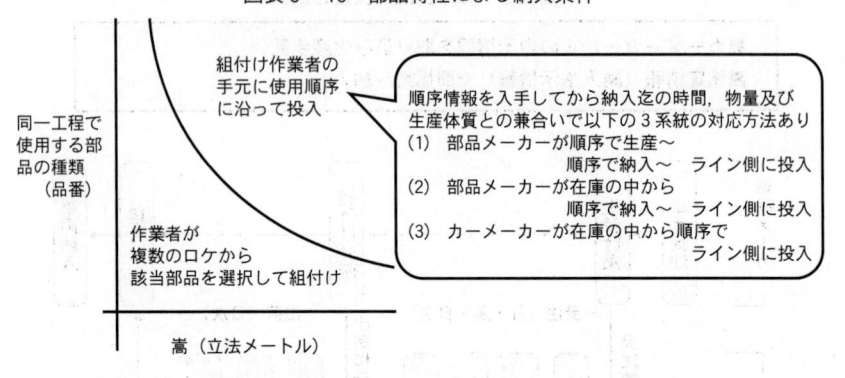

```
同一工程で          組付け作業者の     順序情報を入手してから納入迄の時間，物量及び
使用する部         手元に使用順序    生産体質との兼合いで以下の3系統の対応方法あり
品の種類           に沿って投入     (1) 部品メーカーが順序で生産〜
  (品番)                                          順序で納入〜 ライン側に投入
                                  (2) 部品メーカーが在庫の中から
                                                  順序で納入〜 ライン側に投入
                                  (3) カーメーカーが在庫の中から順序で
                     作業者が                                  ライン側に投入
                     複数のロケから
                     該当部品を選択して組付け

                     嵩（立法メートル）
```

（出所）藤井和彦「自動車部品における情報システムと物流高度化に関する調査研究」デンソーテクニカルレビュー，Vol. 9，No. 1，2004，140ページ。

の特性が図表3-13のように個々の納入条件を規定している。

　部品は，指定場所に納入後，工場内作業者によりラインサイドへ供給される。汎用部品（供給サイクルは長め）は生産ラインを流れる多くの車種に組み付けが可能なので，そのままラインサイドに供給される。非汎用部品（カスタムメイド部品や色彩の異なる部品）は，限定車種にしか組み付けられないので，生産計画と部品供給活動との精緻な連動が求められ，以下の3種類の供給方法が表中から分かる。

① そのままラインサイドに供給される。
② 工場内で順序どおりに並び替えられ供給される。
③ 順序どおりの納入に基づきそのまま供給される。特にシートなどの大きな部品は，相対的に広い保管スペースを必要とするために，緻密なJITが要求される。

　図表3-14は，デンソーからA社への部品納入頻度を示している。デンソーでは，JIT納入を実現するため，こまめに納入する「多回納入」が進展している。デンソーから車両メーカーA社への納入回数を見ると，1日8回以上の納入が全体の約80％を占めている。

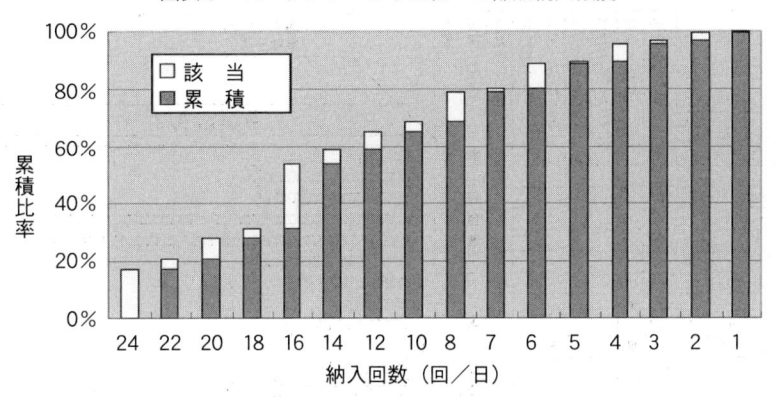

第3章　自動車産業における効率的なサプライチェーン

図表3-14　デンソーからA社への部品納入頻度

（出所）藤井和彦「自動車部品における情報システムと物流高度化に関する調査研究」デンソーテクニカルレビュー，Vol. 9，No. 1，2004，143ページ。

　図表3-15は，A社への部品納入形態と各部品の輸送時間を表している。エンジン，タイヤ，シートなど，嵩のある部品は，順序を決定して出発し，すぐに組み立てに使われることが多いため，在庫になりにくい。反対に，重量や容量がない汎用品は，カーメーカー内や自動ラックに仮置きされ，在庫になりやすく，納入頻度も少ない。したがって，このような特性を持つ部品が，「アセンブラー側の原材料と仕掛品」になりやすいのである。

　自動車部品の受注は，多くの場合，出荷の直前に確定する。そのため，受注が確定してから生産を開始させていたのでは，納期に間に合わない。そこで，デンソーはあらかじめ製品在庫を一定量保持することで出荷に対応している。ここで，部品メーカーが在庫を持つ状況に陥る。

　デンソーでは，組立ラインへの生産指示は「後補充方式」によって出される。すなわち，出荷によって在庫が一定の基準値（発注点）に達した品目に対して，組立ラインの生産能力に応じたロットサイズの生産指示を出すのである。ロットサイズを半減させることにより，中間在庫は時間当たりにすると半減する。製品の品質上の欠陥は，ロット単位で発生することが多いため，小ロット生産は品質不良リスクも小さくすることができる。しかし，小ロット生産は，製造費が高くなるため，ロットサイズをどこでバランスさせるかが問題である。

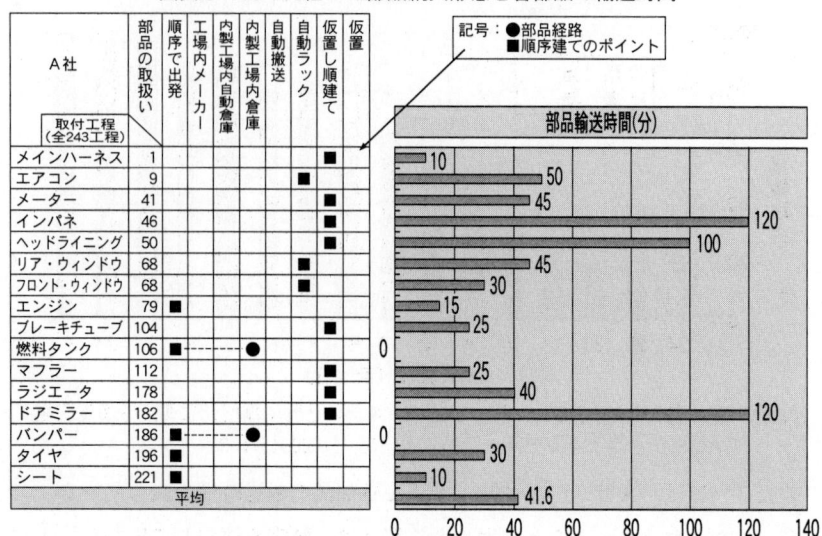

図表3-15 A社への部品納入形態と各部品の輸送時間

A社 取付工程 (全243工程)	部品の取扱い	順序で出発	工場内メーカー	内製工場内自動倉庫	内製工場内倉庫	自動搬送	自動ラック	仮置し順建て	仮置	部品輸送時間(分)
メインハーネス	1							■		10
エアコン	9							■		50
メーター	41							■		45
インパネ	46							■		120
ヘッドライニング	50							■		100
リア・ウィンドウ	68						■			45
フロント・ウィンドウ	68							■		30
エンジン	79	■								15
ブレーキチューブ	104							■		25
燃料タンク	106	■	---	---	●				0	
マフラー	112							■		25
ラジエータ	178							■		40
ドアミラー	182							■		120
バンパー	186	■	---	---	●				0	
タイヤ	196	■								30
シート	221	■								10
平均										41.6

記号:●部品経路 ■順序建てのポイント

(出所) 藤井和彦「自動車部品における情報システムと物流高度化に関する調査研究」デンソーテクニカルレビュー, Vol. 9, No. 1, 2004, 141ページ。

　このような「後補充方式」によって組立ラインの生産指示を行う場合，出荷量をそのまま組立ラインの生産指示に反映すると，単位時間当たりの生産指示量は大きく変動する。組立ラインでは過剰な生産指示と指示待ちの状態が交互に発生することになる。そのため，デンソーでは生産ラインの単位時間当たりの生産指示量が均等になるように，調整が行われている。

　具体例として，メーター製品の生産の平準化を検討してみる。メーター製品は多品種少量製品であり，組立工程は得意先別のライン編成となっている。一方，生産の前工程はモジュール別となっており，後工程は製品別であり，前後工程の流動経路は非常に複雑である。デンソーは，製品別に在庫が少なくなった時に生産するのではなく，モジュール別に生産している。在庫の減り方によって生産を始めるが，減り方が遅い製品と早い製品がある。生産ロット数量を基準にして，図表3-16のように，より早く在庫量が基準以下に達する品種を早く生産開始する。これによって在庫量が一定になり，生産の平準化にも貢

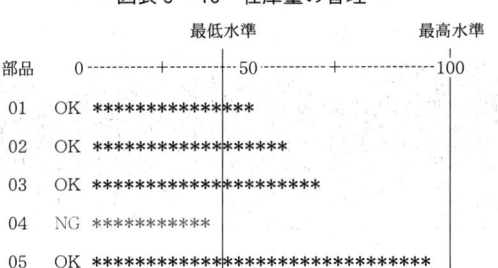

第3章　自動車産業における効率的なサプライチェーン

図表3－16　在庫量の管理

```
                最低水準        最高水準
部品      0 ---------+---------50---------+---------100
01    OK  ****************
02    OK  *******************
03    OK  ********************
04    NG  ***********
05    OK  ********************************
```

（出所）　石橋基弘・犬塚勉・安藤靖男「自動車部品工場における平準化生産手法の開発」デンソーテクニカルレビュー，Vol. 9，No. 1，2004，137ページ。

献している。

　上記の平準化手法をメーター工場に適用することにより，図表3－17のように，部品生産の変動量は，従来の14.7％から2.4％に縮小した。生産の平準化は在庫量を一定に保つため，どのような納入条件にも対応できるようになる。自動車部品の製造現場では，日々，そして月々の生産量変動に対して，既存の設備資源を最大限に活用するために，生産の平準化が一層，重要となっている。「生産の平準化」とは単位時間当たりの生産量と生産品種を均等化することである。

　次に，生産量は変動しても，設備の稼働率を一定に保つという考え方もある。これは，「需要の変種変量に対応した生産システムの設計」であり，需要の変動に応じて設備の増減を行い，設備負荷率の変動を生じないようにすることである。設備負荷率の変動は，製造原価における加工費の変動につながるため，避けたいからである。1台の機械が多くの工程を受け持つことができれば，需要が減少した時に，機械の数を減らすことが可能である。そうすれば，稼働率は高いままで生産量を減らすことができる。これは，前述のスタータやエアコンの工程集約度可変型のラインで実現されている。機械に，無駄な機能が多いと投資ロスが発生するが，需要の数量変動には対応できる。高額な設備を入れると，オーダーがなくとも生産効率をあげるために設備を稼働して，在庫を積み上げてしまう。したがって，高額ではないが，オーダーの変量に対処し，多

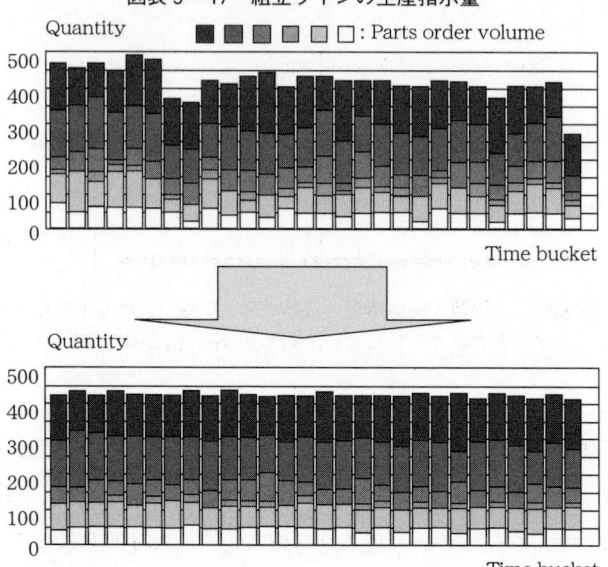

図表3－17　組立ラインの生産指示量

（出所）　石橋基弘・犬塚勉・安藤靖男「自動車部品工場における平準化生産手法の開発」デンソーテクニカルレビュー，Vol. 9, No. 1, 2004, 137ページ。

種の製品を製造できる設備が必要である。「設備の投資ロス」よりも，「需要変動による稼働率の低下リスク」が大きいならば，以下の2つの条件を満たすような設備の多機能化が必要である[17]。

1．設備を自由に増減しやすいシステムレイアウト
2．各設備のソフトが自立していること

生産量変動下でも，稼働率を一定に保てる生産システムとして，図表3－18のような3つが考えられる[18]。

1．設備増減時に各設備への工程要素再割付によるシステム能力変更（小型マシニングセンターをライン化したフレキシブル・トランスファーライン）

2．工程集約度向上による基本投資単位の小型化（工程集約型のマシニングセンター）
3．サイクルタイムのアンバランスを許容した上で，能力の不足する工程から順次能力増強（ボトルネックコントロール）

以上のように，デンソーは，ＪＩＴと生産の平準化を両立できるように，革新的技術を使った生産方式を生み出している。過剰生産能力を持たず，生産変動を受けても稼働率を高く保っている。デンソーは，サプライチェーン上でトヨタと企業の境界がないような企業行動をとり，かつ，なるべく自社の業績を高めようと努力をしているのである。反対に，トヨタも部品メーカーに行き，指導，支援を行い，企業の枠を社外の部品メーカーにまで拡大して，その組織内で共に学習をしていこうという態度をとる。そして，改善プロジェクトを通して，在庫が削減され，生産性が向上し，品質が高まるようになっていくのである。

6　トヨタグループと日産グループにおける電装部品サプライチェーンの比較

わが国の自動車産業のサプライチェーンでは，欧米のものと比較して，適切にプロフィットとリスクの分配が行われており，効率的であることが分かった。しかし，自動車メーカーごとに，その効率性の程度が異なると思われる。次に，トヨタグループと日産グループにおける電装部品サプライチェーンを比較することによって，その効率性の程度を検討する。

デンソーの総販売額に占めるトヨタの割合は，2004年度は31.6％，2005年度は31.1％と約３割を占め，海外売上高を含めると，デンソーグループの売上の約半分は，トヨタグループ向けである。したがって，デンソーグループの業績はトヨタグループの業績によって多大な影響を受けている。

図表３−19は，2001年〜2006年にかけての「トヨタの売上高」と「デンソー

図表3−18 生産量変動下における生産の効率性

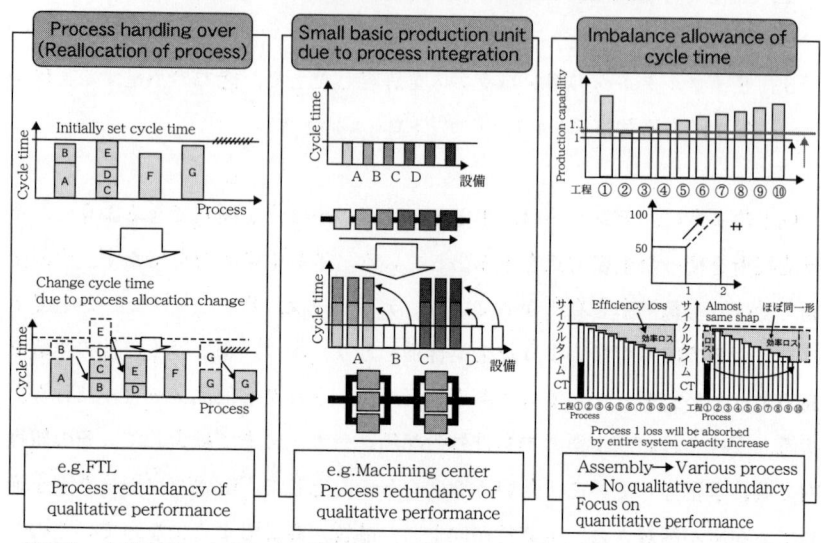

Process handling over (Reallocation of process)	Small basic production unit due to process integration	Imbalance allowance of cycle time
e.g.FTL Process redundancy of qualitative performance	e.g.Machining center Process redundancy of qualitative performance	Assembly→Various process → No qualitative redundancy Focus on quantitative performance

（出所）山崎康彦・山中智晴・岩松亮二・北野晶之「需要の変機種変量に対応した生産システムの設計」デンソーテクニカルレビュー, Vol. 9, No. 1, 2004, 28ページ。

とトヨタとの取引金額」（単位100万円）を表したものである。両者は金額的に相当異なるため，両者の数字を2001年を100としてどのように変化したかを表したものが，図表3−20である。これを見ると，両者の増加率に相関関係があるのが分かる。また，2001年〜2006年にかけてのトヨタとデンソーの売上高利益率は，図表3−3で示したように，非常に類似している。したがって，トヨタとデンソーの業績はゼロサムの関係ではない。

トヨタとデンソー（主に電装部品を納入）の取引関係は，日産とカルソニックカンセイ（主に電装部品を納入）の納入関係に似ている。カルソニックカンセイの総売上高の約半分が日産への売上であることも類似している。たとえば，2005年と2006年の日産と北米日産の取引高合計で見ると，カルソニックカンセイの総売上高の52.6％と49.9％を占める[19]。

カルソニックカンセイは，2000年にカルソニックとカンセイの両社の合併に

第3章　自動車産業における効率的なサプライチェーン

図表3－19　「トヨタの売上高」と「デンソーとトヨタとの取引金額」の推移
（2001～2006年）

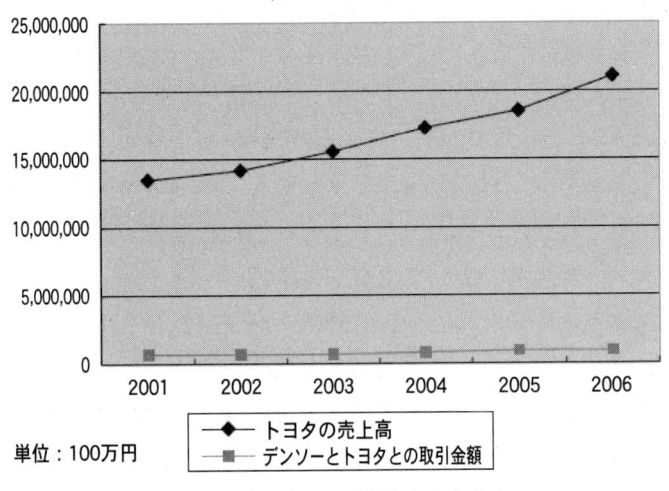

単位：100万円

（出所）　各社有価証券報告書より作成。

図表3－20　「トヨタの売上高」と「デンソーとトヨタとの取引金額」の推移
（2001～2006年）

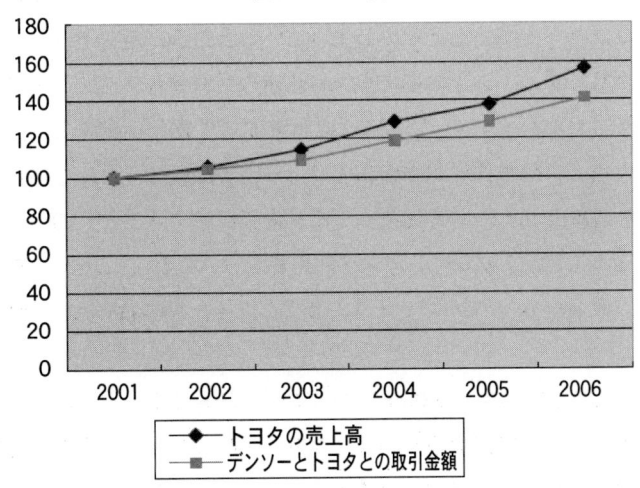

（注）　各社，2001年の数字を100とする。
（出所）　各社有価証券報告書より作成。

より設立された。2005年には，日産の連結子会社となった。合理的で行き過ぎた日産系列の解体は，近年，重要な部品メーカーを子会社化しパートナーとするといった揺り戻しが起きている。カルソニックカンセイの主要製品は，コックピットモジュール，フロントエンドモジュール，エキゾーストシステム，エアコンユニット，コンプレッサー，インストルメントパネル，メーター，電子部品，ラジエーター，コンデンサー，マフラー，コンバーター等である。電装部品を中心としたモジュール・サプライヤーである。同社の取引会社は，アウディ，いすゞ，オペル，サーブ，GM，スズキ，ダイムラー・クライスラー，日産，日産ディーゼル，プジョー，BMW，フォード，フォルクスワーゲン，富士重工，ホンダ，マツダ，三菱自動車，ルノー，ランドローバーである。親会社の日産とカルソニックカンセイの売上高営業利益率の推移（2001～2006年）は図表3－21の通りである。トヨタとデンソーの売上高営業利益率（2001～2006年）は，非常に接近しているのに対して，日産とカルソニックカンセイの場合は，相違が大きく，日産は高めで，カルソニックカンセイは非常に低い。日産グループのサプライチェーンにおけるプロフィット・シェアリングは一方的にアセンブラーが多くをとってしまっていると思われる。カルソニックカンセイのサプライチェーン上の損失を，日産側のプロフィット・シェアリングによって補填されていないのである。『自動車部品工業会正会員上場企業』で，売上高に占める自動車部品比率が50％以上の企業90社のうち，合併企業等を除いた84社を対象として，平均的な売上高営業利益率を見ると，2004年，2005年度は両年とも5.1％である[20]。デンソーの場合は，7.4％，7.6％であり平均以上である。カルソニックカンセイは，2か年とも3.3％であり，平均以下である。

　図表3－22は，2001年～2006年にかけての「日産の売上高」と「カルソニックカンセイと日産の取引金額」（単位：億円）を表したものである。両者は金額的に相当異なるため，両者の数字を2001年を100としてどのように変化したかを表したものが，図表3－23である。これを見ると，両者の増加率に相関関係があるのが分かる。両者の取引金額の増加が日産の売上の増加と相関があるの

第3章 自動車産業における効率的なサプライチェーン

図表3-21 日産とカルソニックカンセイの売上高営業利益率の推移（2001〜2006年）

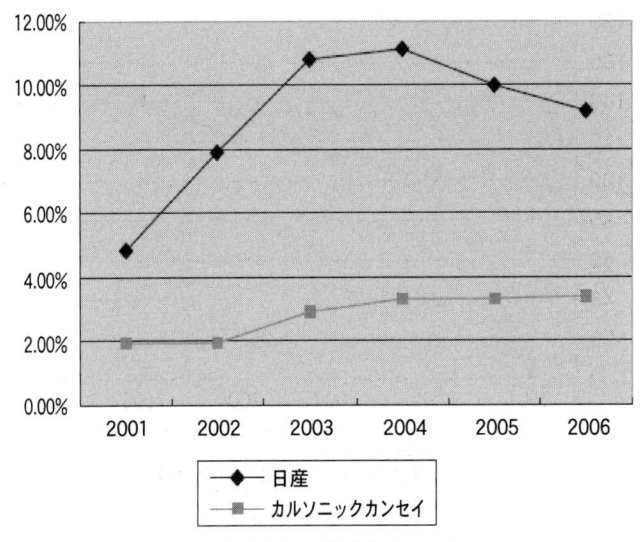

（出所）各社有価証券報告書より作成。

図表3-22 「日産の売上高」と「カルソニックカンセイと日産の取引金額」の推移（2001〜2006年）

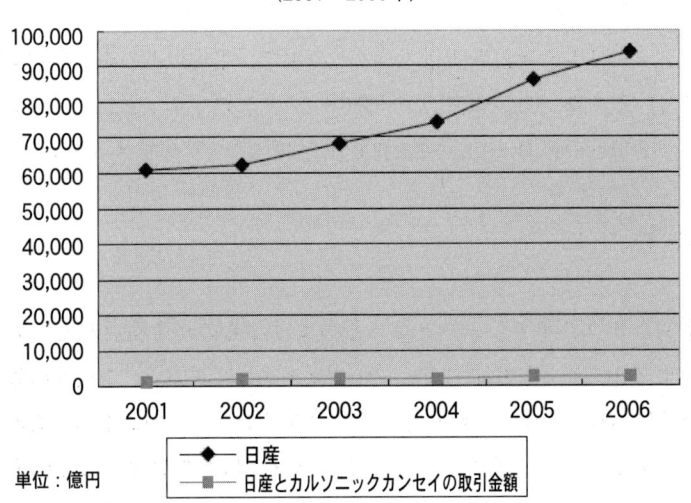

単位：億円

（出所）各社有価証券報告書より作成。

図表3-23 「日産の売上高」と「カルソニックカンセイと日産の取引金額」の推移

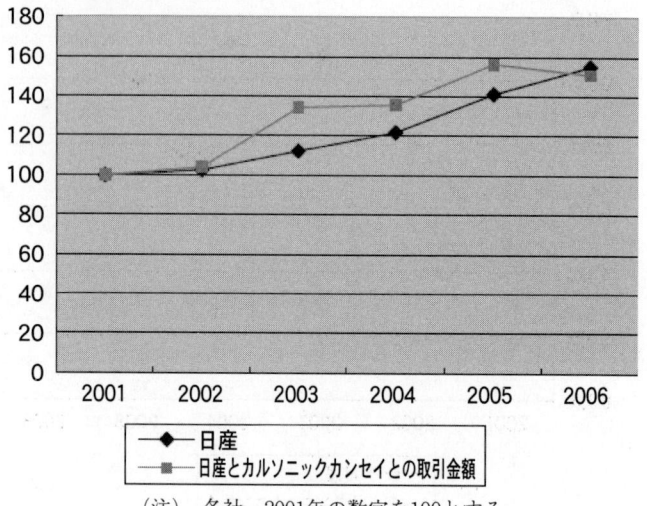

```
180
160
140
120
100
 80
 60
 40
 20
  0
    2001  2002  2003  2004  2005  2006

    ◆ 日産
    ■ 日産とカルソニックカンセイとの取引金額
```

（注）　各社，2001年の数字を100とする。
（出所）　各社有価証券報告書より作成。

に，一方的に，カルソニックカンセイの売上高営業利益率が低いのは，取引金額が一律に低いと思われる。

　デンソーが日本の自動車部品メーカーの中で，平均以上の売上高営業利益率を上げているのは，(1)アセンブラー側のリスク・ロフィットシェアリングによる補填，(2)自社の努力（生産の平準化努力，技術開発力）が挙げられよう。

7　おわりに

　効率的なサプライチェーンとは，どのようなものかを検討した。アセンブラーとサプライヤーが参加するサプライチェーンにおいて，企業間の価格調整および数量調整がうまく行われているサプライチェーンが効率的である。つまり，一企業が，サプライチェーン内で他企業の利益を犠牲にして企業活動を行っている場合は，利益の分配が行われる必要がある。一企業が，リスクを多くとって企業活動をしている場合には，他企業とリスクを分配することが必要

である。サプライチェーン上の利益とリスクを各企業に適切に分配することにより，企業がインセンティブまたは危機感を持つようになり，一層企業努力をするようになるからである。

　自動車のサプライチェーンにおける企業間取引の促進要因は，日本では「信用，信頼」，欧米では「契約」であることが把握できた。そして，効果的なサプライチェーンの持つ(1)俊敏性，(2)適用力，(3)利害の一致という面では，日本の自動車産業における「信用，信頼」に基づいた取引の方が有利であると思われる。

　次に，「信用，信頼」を基礎にしている日本のサプライチェーンにおいても，サプライチェーンの効率性に差が見られた。トヨタグループでは，適切なリスクと利益の分配が行われており，それがサプライチェーンに参加する企業の売上高営業利益率に反映されている。日産は，利益の分配がうまく機能していない。1990年代は日産がリスクを取りすぎており，2000年以降は利益を取りすぎている。

　利益は，最終的に完成品の購入者からもたらされる。自動車産業の場合，その利益はディーラーを通して自動車メーカーに入ってくる。アセンブラーとの「関係特殊的技能」の構築に努力をしたサプライヤーにその利益を分配していかなければならない。「関係特殊的技能」には，「設備投資」のような『もの』もあれば，「量変動対応生産システム」や「ＪＩＴ能力」のような『ノウハウ』もある。近年，日産の利益が短期的に増加しているが，「関係特殊的技能」を構築して日産のサプライチェーンに参加したサプライヤーに利益の分配が適切に行われていないため，サプライヤーの不満が高まり，長期的にはサプライチェーンがうまく機能しなくなる可能性がある。日産からの利益分配が行われないと，サプライヤーはサプライチェーンにおいて自社の「部分最適行動」をとるようになるであろう。

　「部分最適行動」により，部品メーカーは，自社の利益を最大化しようとする。大ロット生産，納入頻度の低下，標準品の開発等によってコスト削減をして，自社の利益を最大化しようとする。裏返せば，サプライチェーンの「全体最適

行動」は，リスク・プロフィットシェアリングによって補完されなければ，各企業は損失を被ってしまうのである。したがって，効率的なサプライチェーンの構築には，リスク・プロフィットシェアリングが必須であると言えよう。

 トヨタグループでは，アセンブラーとサプライヤーの双方が在庫リスクを分配し，利益をも分配し，サプライチェーン全体での最適化を行っている。企業間で，利益配分はゼロサムの関係ではなく，パイ全体を拡大して全体の利益を拡大しようとするダイナミックなインセンティブが働いている。

 わが国の企業間情報システムは将来的には，オープン化されるであろう。情報システムのオープン化と部品のモジュール化により，日本の自動車産業でも取引相手の選択が，現在よりもさらに自由に行われる可能性が高い。しかし，このような環境下においても，効率的なサプライチェーンでは，アセンブラーとサプライヤーとの取引が中長期で行われ，包括的，基本的な契約下で信頼関係に基づく企業行動がとられ，リスク・プロフィットシェアリングが維持される可能性は，十分に高いと思われる。

(注)
1) 下野由貴「サプライチェーンのプロフィット・リスクシェアリングー自動車部品取引における日欧比較－」2006年度組織学会研究発表大会報告要旨集，273ページ。
2) 大河内ケビン『バリューチェーンの重要性(4)』（日刊工業新聞2004年9月29日付）
3) François Fourcade, Modularisation du produit automobile et stratégies des équipementiers, Revue Française de Comptabilité, février, 2005, No. 374, pp. 40~47.
4) イブリン・ルクレール「フランス：「日本モデル」に対するグローバル化の挑戦」『現代日本企業3 グローバル・レビュー』工藤章，橘川武郎，グレン・D・フック編，有斐閣，2006年，189ページ。
5) 浅沼萬里『日本の企業組織 革新的適応のメカニズム』東洋経済新報社，1997年，278ページ。
6) 島田豊彦「カーメーカーの世界最適調達方針に対する日本の部品メーカーの対応と課題」2006年6月15日自動車部品生産システム展（日刊工業新聞社）の開催シンポジウム資料，24ページより。
7) 西口敏宏，アレクサンダ・ボーデ「カオスにおける自己組織化ートヨタ・グループとアイシン精機火災ー」組織科学，Vol. 32, No. 4, 1999, 58~72ページ。
8) DaimlerChrysler ホームページより。
9) 福島美明『サプライチェーン経営革命』日本経済新聞社，1998年，56~65ページ。

10) 池原照雄『トヨタ vs. ホンダ』B＆Tブックス, 日刊工業新聞社, 2002年, 195～196ページ。
11) 阿部和義『トヨタモデル』講談社現代新書, 2005年, 185ページ。
12) 島田豊彦, 前掲稿, 18ページ。
13) 同上稿, 42ページ。
14) 同上稿, 16ページ。
15) 小島史夫「デンソーにおける生産システム技術の現状と展望」デンソーテクニカルレビュー, Vol. 9, No. 1, 2004, 8ページ。
16) 日経ビジネス, 2006年2月27日号, 37ページ。
17) 山崎康彦, 山中智晴, 岩松亮二, 北野晶之「需要の変機種変量に対応した生産システムの設計」デンソーテクニカルレビュー, Vol. 9, No. 1, 2004, 29ページ。
18) 同上稿, 28～29ページ。
19) カルソニックカンセイの有価証券報告書より。
20) 「自動車部品工業の経営動向」日本自動車部品工業会, 2005年5月31日。

(参考文献)

浅沼萬里「自動車産業における部品取引の構造：調整と革新的適応のメカニズム」『季刊現代経済』夏季号, 1984年, 38～48ページ。
井上達彦「＜EDIインターフェースと企業間の取引形態＞の相互依存性－競争と強調を維持するオープンかつ密接な関係－」組織科学, Vol. 36, No. 3, 2003, 74～91ページ。
岡室博之「部品取引におけるリスク・シェアリングの検討－自動車産業に関する計量分析－」『商工金融』45巻7号, 1995年, 4～23ページ。
ジェフリー・K・ライカー『ザ・トヨタウェイ上・下』日経BP社, 2004年。
下野由貴「サプライチェーンにおける利益・リスク分配：トヨタグループと日産グループの比較」組織科学, Vol. 39, No. 2, 2005, 67～81ページ。
下野由貴「サプライチェーンのプロフィット・リスクシェアリング－自動車部品取引における日欧比較－」2006年度組織学会研究発表大会報告要旨集, 273～276ページ。
福島美明『サプライチェーン経営革命』日本経済新聞社, 1998年。
門田安弘『トヨタプロダクションシステム』ダイヤモンド社, 2006年。
Asanuma, B & T. Kikutani, Risk absorption in Japan and the concept of relation specific skill, *Journal of the Japanese and International Economies,* 6, 1992, pp. 1～29.
Lee, H. The Triple・A Supply Chain, *Harvard Business Review,* October 1, 2004.
Lieberman, M. B. and Asaba, Inventory Reduction and Productivity Growth：A Comparison of Japanese and US Automotive Sectors, *Managerial and Decision Economics,* Vol. 18, 1997, pp. 78～85.

第4章

ルノーの国際的展開
－ＣＳＲ戦略を中心として－

1　はじめに

　近年，多くの企業が人件費の安さや市場としての魅力から中国やインド，ベトナム等に進出しており，それと共に，現地では環境問題が深刻化し，製品の安全性や人権にも多くの問題点が発見されるようになった。このような問題に対処するために，多国籍企業は確固とした自社のＣＳＲ(Corporate Social Responsibility：企業の社会的責任）方針を定め，企業の責任を果たす必要がある。
　ＣＳＲとは，企業が社会や環境に関する問題意識を，事業活動やステークホルダーとの関係の中に自主的に組み込むことである[1]。ＣＳＲで重視されている点は，国や地域ごとに多様性に富んでいるが，2008年にはＣＳＲの国際的規格がＩＳＯ26000として発行される予定である[2]。
　フランス企業のＣＳＲの動向を見ると，2001年にフランスの会社法が改正され，上場企業に財務・環境・社会的側面の情報開示が義務づけられた[3]。たとえばルノーも財務・環境・社会的側面の情報開示を行っている。ひるがえって日本企業を見ると，ＣＳＲとしての社会的責任に関わる全般的取り組みは，ヨーロッパ企業に遅れをとっている。ルノーの影響が強い日産では，2005年にＣＳＲを定義づけ，2006年にＣＳＲを体系化し，2007年に日産のＣＳＲを社会に伝えていくようになったばかりである[4]。しかし，ＣＳＲという言葉が日本企業の経営に導入される以前から，日産を初め多くの日本企業は実質的に地域

社会への貢献や環境保護活動を行ってきているのは確かである。

　近年，グリーン調達を多くの企業が採用している。特にEU（欧州連合）には多くの環境規制や指令5)があり，これらは域内の企業だけでなく製品や部品をEUに輸出している企業にも適用される。「グリーン調達」よりもさらに拡大した概念が「CSR調達」である。CSR調達とは，環境保護だけでなく，人権尊重や社会的責任を果たしている企業から部材を調達することである。CSR調達を行うためには，女性の活用がなされているか，児童労働の禁止が徹底されているか，労働時間や賃金が適正かどうか，衛生管理，安全対策はどうかといったことを納入企業に開示してもらう必要がある。グローバルに活動している企業は，世界各国のサプライヤーから部材を納入してもらうため，「グローバル・サプライチェーン」は自社のCSRに関する価値観を全世界に広めるためのツールともなりえる。これまでのサプライチェーンがQCD（品質，コスト，納期）を重視してきたのに対し，グリーン調達によって，QCDに環境重視が加わり，CSR調達によって納入先の社会性の重視が加わることになった。

　自動車メーカーが国際展開する際，国によって環境規制や労働関連法が異なり，また企業の価値観やコーポレート・ガバナンスも異なるため，現地子会社ではCSRを本社の基準に合わせるべきか，それとも現地の基準に合わせるべきかということで葛藤することも多いであろう。

　本章では，ルノーのグローバル戦略の中にどのようにCSRが組み込まれているかを検証し，現地子会社のCSRの基準をどのように設定すべきかを考察する。最初に，企業の持続可能性報告書の報告対象組織の境界を確認する。次にCSRの外部評価機関によるルノーのCSRの評価を見ていく。そして，ルノーの国際化を，ルノーの競争優位とそれに基づく立地選択の観点から考えると同時に，CSRの観点からルノーのこれまでの歩みを振り返ってみる。最後にメキシコに進出しているヨーロッパ多国籍企業とルノーの子会社のCSRを比較し，本国のCSR基準が高い時，発展途上国に進出した時の現地子会社のCSR基準をどのように設定すべきかを結論付ける。

2 持続可能性報告書の報告対象組織の境界

　CSRの実践にはコスト負担を伴うが，その割には企業業績に直結しないという不満も企業にはあろう。CSRは財務上の数字となって表れない場合でも，無形資産である「ブランド価値」の向上につながる。しかし，「レピュテーション」をそれほど重要としない非上場の中小企業にとって，CSRを実行する動機付けが難しい。

　自動車メーカーにとっては，燃費などの製品の特性が消費者に直接的にアピールし，購買意欲を刺激するためCSRの環境的側面は実行しやすい。しかし，工場の汚染物質排出などの環境保護活動は消費者には容易に把握されず，不祥事が発覚して初めて認識される場合が多い。そのため，企業は自社の製品の不買運動を防ぐために，「コンプライアンス」に留意することになる。これは，CSR＝リスクマネジメントというような消極的な行動につながってしまう。しかし，真のCSRとは法令遵守以上のプラスの行動を含めたものである。これまで企業は環境対策と法令遵守にかたよっていたが，それを修正するのが「SRI(Socially Responsible Investment：社会的責任投資)」である。

　SRIは，企業本体だけでなくそのサプライヤーも含めて企業のCSRの評価を行い，投資対象に適しているかどうかを決定する。たとえば，ナイキは生産委託先のベトナム工場の児童労働問題で，アメリカで不買運動が起こったことは，わが国でよく知られている。この事件を参考にして，企業は，どこまでが自社なのか，また自社の責任なのかということをよく把握しておかなければならない。世論はナイキの製造委託先の問題は，ナイキに責任があるとし，不買運動に発展した。SRIもナイキを投資対象から除外した。

　したがって，企業はCSR方針を徹底させる際に，どこまでが自社の責任範囲に入るのかを定める必要がある。これに対して「GRI(Global Reporting Initiative)」は企業の持続可能性報告書の報告対象組織の境界について指針を作成している。なおGRIは，1997年から持続可能性報告書のガイドラインを策定

している団体である。

　自社の境界の設定方法は，対象企業を2軸の中にプロットすることから始める。1軸に「持続可能性のリスクまたはインパクトに関連した単位組織の重要性のレベル」をとり，もう1軸には，「報告組織がそのバリューチェーン内の単位組織に対する支配もしくは影響の度合い」をとる。これによって対象企業は次のような4象限の中に分けられる[6]。

① 　業務成果指標（数値指標）報告の対象
② 　管理成果指標（質的な指標）報告の対象
③ 　解説的開示の対象
④ 　報告義務なし

　業務成果指標（数値指標）報告の対象企業は，支配関係にある企業である。「支配」の定義は国際財務報告基準に準拠している。管理成果指標（質的な指標）報告の対象企業は，「重要な影響」下にある企業である。解説的開示の対象企業は，報告組織の「支配」を受けず，かつ「重要な影響」下にもない企業であるが，持続可能性に関する重要性基準を満たす企業である。詳細な定義は以下の通りである[7]。

① 　報告組織が支配する単位組織
　　　報告組織自体
　　　報告組織が直接，間接に50％を超える支配権を有する子会社
　　　報告組織が直接に，または子会社を通じて間接的に50％以上の支配権を有する合弁会社
　　　その他，実質的に報告組織が支配を及ぼしていると考えられる組織
② 　報告組織が「重要な影響」を及ぼす単位組織
　　　報告組織が直接または子会社を通じて間接的に20％超50％以下の支配権を有する関連会社

報告組織が有する直接のまたは子会社を通じた支配権は50％未満であるが，業務を支配している合弁会社

③ 報告組織の「支配」を受けず，かつ「重要な影響」下にもない企業であるが，持続可能性に関する重要性基準を満たす単位組織

契約によって報告組織の持続可能性のパフォーマンスに直接影響する一定の業務上の基準が決められている組織

報告組織との納入契約が売上の大部分を占める組織

報告組織が持続可能性のパフォーマンスについて契約上の義務を課している組織

報告組織によって供与された技術ライセンスもしくは製品特許の使用が，当該組織の持続可能性のパフォーマンスの大部分である組織

　上記指針を念頭に置き，ルノーを見れば，図表4－1のようにDacia（ルノーの出資比率99.43％），ルノーサムソン自動車（出資比率80.1％），日産（出資比率44.3％），ＡＢ Volvo（出資比率20.7％）と関係があることがまず分かり，ルノーの持続可能性報告書の報告対象組織をＧＲＩの指針に基づいて作成すると，図表4－2のようにルノー自体，Dacia，ルノーサムソン自動車は業務成果指標（数値指標）報告の対象になり，日産とＡＢ Volvoは管理成果指標（質的な指標）報告の対象となる。

　ルノーが支配する企業はDaciaとルノーサムソン自動車である。ルノーとDaciaの関係は詳細に後述するが，サムソン自動車との関係は，ルノーが韓国のサムソン自動車を買収し，2000年にルノーサムソン自動車を設立したことから始まった。韓国では，財閥が自動車メーカーを所有しようとし，大宇，現代，サムソン自動車が誕生した。しかし，1990年代末，通貨危機が起き，サムソン自動車は莫大な費用をかけて大規模工場を建設したが，3か月後に倒産に追い込まれた。ルノーはただ同然でこのサムソンの新工場を購入することができた。日産の時と同様に，この時もルノー以外にどこもサムソン自動車を買おうとする企業はなかった。ルノーはサムソン自動車を買収することによって，韓国市

図表4−1　ルノーと日産，Dacia，ルノーサムソン自動車，AB Volvoの関係

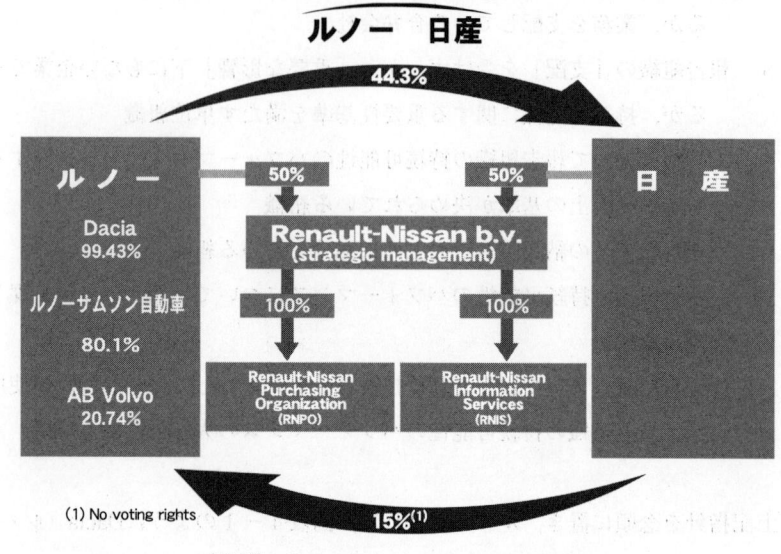

```
                    ルノー      日産
                        44.3%

  ┌─────────────┐   50%            50%   ┌─────┐
  │   ルノー     │─────┐         ┌─────│ 日産 │
  │             │     ▼         ▼     │      │
  │ Dacia       │   Renault-Nissan b.v. │      │
  │ 99.43%      │   (strategic management)│    │
  │             │   100%          100%  │      │
  │ ルノーサムソン自動車│  ▼              ▼    │      │
  │ 80.1%       │ Renault-Nissan   Renault-Nissan│   │
  │             │ Purchasing       Information   │   │
  │ AB Volvo    │ Organization     Services      │   │
  │ 20.74%      │  (RNPO)          (RNIS)        │   │
  └─────────────┘                               └─────┘
  (1) No voting rights           15%(1)
```

（出所）　Renault Atlas March 2007, p. 4

場に参入できたが，サムソン自動車の再建には，日産の助力が必要であった[8]。

　日産，Dacia，ルノーサムソン自動車はルノーの部品サプライヤーではないが，共通のプラットフォームを利用したり，部品を共有したりと，その関係は深い。このような企業のＣＳＲを持続可能性報告書の報告対象組織とすることによって，企業グループのＣＳＲをより正確に表すことができる。企業が持続可能性報告書の報告対象組織を通じて行えるＣＳＲ活動には，社員の教育訓練など積極的な活動も入るが，自社のＣＳＲの理念にそぐわない企業とは取引の停止や出資関係の解消もありえる。

　2006年，ルノーはＣＳＲの格付機関から高い評価を得た。企業の評価方法はＣＳＲの格付機関ごとに異なっている。次に，3社の格付機関，SAM，Oekom，Vigéoが発表したルノーのＣＳＲ評価を検討していこう。

第4章 ルノーの国際的展開

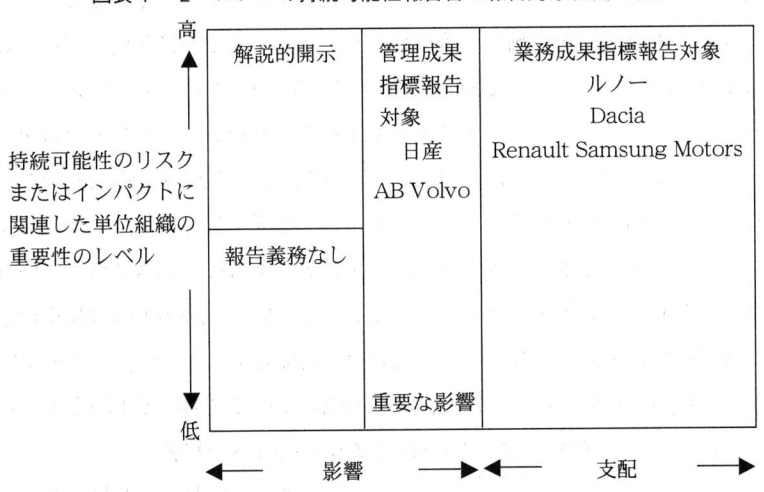

図表4－2 ルノーの持続可能性報告書の報告対象組織の境界

持続可能性のリスクまたはインパクトに関連した単位組織の重要性のレベル（高↕低）	解説的開示	管理成果指標報告対象 日産 AB Volvo	業務成果指標報告対象 ルノー Dacia Renault Samsung Motors
	報告義務なし	重要な影響	
	←　影響　→	←　支配　→	

（出所）藤井敏彦『ヨーロッパのＣＳＲと日本のＣＳＲ』日科技連出版社，2005年，101ページより作成。

3　格付機関によるルノーのＣＳＲ評価

　2006年にルノーが３社のＣＳＲ格付機関から高い評価を得たのは，持続的発展に関するルノーの政策に対して，積極的な評価がなされたからである。ルノーは開発段階からリサイクルされるまでの車のライフサイクルにおいて環境を考慮し，CO_2の排出を減らした。また，ルノーの労働政策に対する評価も高い。ルノーの社会的責任の分野でも，地域住民のニーズに対応した活動がとられており，高い評価を得た。以下ではＳＡＭ，Oekom，Vigéoという３つの格付機関によるルノーのＣＳＲ評価を個別に見ていく。

(1)　ＳＡＭによるルノーのＣＳＲ評価

　ＳＡＭは，1995年に設立されたフィナンシャル・サービス会社であり，企業の長期的成長を経済的側面，環境的側面，社会的側面という３つのトリプルボ

トムラインから分析し，ファンドに企業の投資決定をアドバイスしている。トリプルボトムラインを基軸に，企業がバランスよく持続的に発展していくことを評価する考え方である。2006～2007年に，ルノーはダウジョーンズ・サスティナビリティ・インデックスに組み込まれた。ダウジョーンズ・サスティナビリティ・インデックスは，ダウジョーンズ社とＳＡＭが共同開発した社会的責任投資の株価指標である。このインデックスを利用して投資し，高収益を上げているファンドも多い。ルノーがこのインデックスに組み込まれたということは，ＣＳＲで高い評価を得ていることを指している。2006年の自動車産業のＣＳＲ評価は，図表４－３のように総合で平均62点であったが，ルノーは75点であり，経済的側面，社会的側面，環境的側面すべてにおいて平均を上回った。

図表４－３　ＳＡＭによるルノーのＣＳＲ評価

	2006年のルノーの評価	2006年の同じ産業に属する企業の平均評価
経済的評価	65	50
社会的評価	72	63
環境的側面の評価	90	75
総合点	75	62

（出所）http://www.renault.com/renault_com/en/main/30_DEVELOPPEMENT_DURABLE/40_Performances/45_Notations/11_Agences/SAM/index.aspx

(2) OEKOMによるルノーのＣＳＲ評価

OEKOMリサーチは，強い影響力を持つドイツの独立アナリストの機関である。企業のＣＳＲの評価は，社会・文化的側面が40％，環境側面が60％の配分でなされる。2006年のルノーのスコアはＢ評価であった。しかし，分析された17の自動車メーカーのうち，最も良い評価を得た。ルノーは2000年に17社のうち６位，2003年に２位となり，2006年には１位になった。

(3) VigéoによるルノーのＣＳＲ評価

Vigéoは，2002年７月に設立された独立のＣＳＲ格付機関である。「環境」，

第4章　ルノーの国際的展開

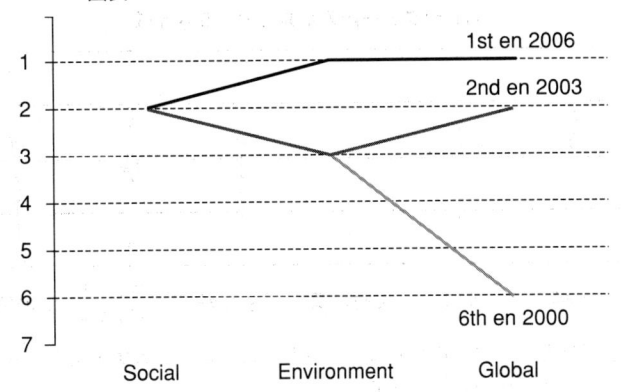

図表4－4　OEKOMによるルノーのＣＳＲ評価

```
1 ─────────────── 1st en 2006
2 ─────────────── 2nd en 2003
3
4
5
6 ─────────────── 6th en 2000
7
   Social    Environment    Global
```

（出所）　http://www.renault.com/renault_com/en/main/30_DEVELOPPEMENT_DURABLE/40_Performances/45_Notations/11_Agences/OEKOM/index.aspx

「人権」,「人的資源」,「経営行動」,「コーポレート・ガバナンス」,「地域住民との関係」の6つの分野から総合的に企業の格付を行っている。2006年には図表4－5のように, ルノーは6つの分野のうち, 5つの分野で高い評価を得た。

しかし, ルノーはコーポレート・ガバナンスの分野で, 同じセクターの企業と比較すると中位の評価となっており, ルノーのＣＳＲではこの分野だけ遅れをとっている。ルノーのコーポレート・ガバナンスが評価されていない点がどこにあるかについて, 以下で検討する。

2007年3月現在, カルロス・ゴーンはルノーの会長兼最高経営責任者である。つまり, カルロス・ゴーンは取締役会会長であると同時に最高経営責任者であり, 企業内で経営と監視の分離がなされていないことになる。

フランス企業のコーポレート・ガバナンスは, 元来, 単層型取締役会を採っていたが, 1966年の商法改正により, ドイツを模範にした企業統治制度である二層型取締役会も選択できるようになった。しかしながら, 絶対的多数の企業は単層型取締役会を支持している。というのは, それほど厳格な機能分担は必要ないと考えているからである。これまで, 単層型取締役会をとる企業では, 会長兼最高経営責任者（Président-Directeur Général）への権限の集中が問題と

図表4－5　Vigéoによるルノーのcsr評価
（同じセクター内の企業とのcsr比較）

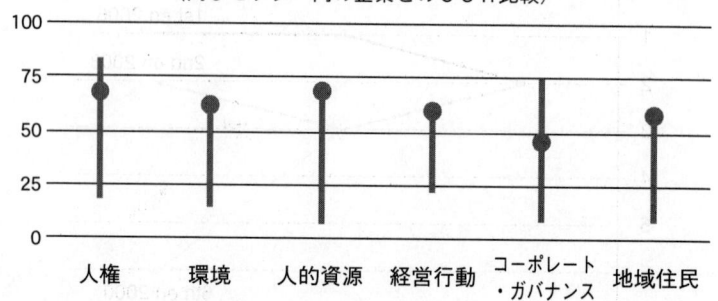

人権　環境　人的資源　経営行動　コーポレート・ガバナンス　地域住民

（注）　線は同じセクター内の企業のＣＳＲの最小値と最大値を結んだものであり，点はルノーの評価を表す。
（出所）　http://www.renault.com/renault_com/en/main/30_DEVELOPPEMENT_DURABLE/40_Performances/45_Notations/11_Agences/VIGEO/index.aspx

なってきた。2001年の「新経済規制法」(Nouvelles Régulations Économiques) によって，単層型取締役会をとる企業は，会長と最高経営責任者を分離できるようになった。会長と最高経営責任者を兼務するか，分離するかは，企業の選択となる[9]。したがって，企業は図表4－6に示されるように，単層型取締役会2タイプと二層型取締役会1タイプの合計3タイプの中から，自社に最も適したガバナンスを選択することができる。

　プジョー・シトロエンのような同族企業では，所有経営者が専門経営者へ業務執行を委託する際に，監視機関として活用するために二層型取締役会を採用している。機関投資家もこの制度を，執行と監視の分離という点から支持している。

　ルノーは，選択できる3つの法的選択肢のうち，最もコーポレート・ガバナンスが低い単層型取締役会：会長・最高経営責任者兼務型を採用している。これが，Vigéoによるルノーのコーポレート・ガバナンスの評価が低い一因であると思われる。なお，二層型取締役会を選択する企業は，自動的に経営と監視の分離がなされる。というのは，監査役会の構成員は，執行役会の構成員を兼

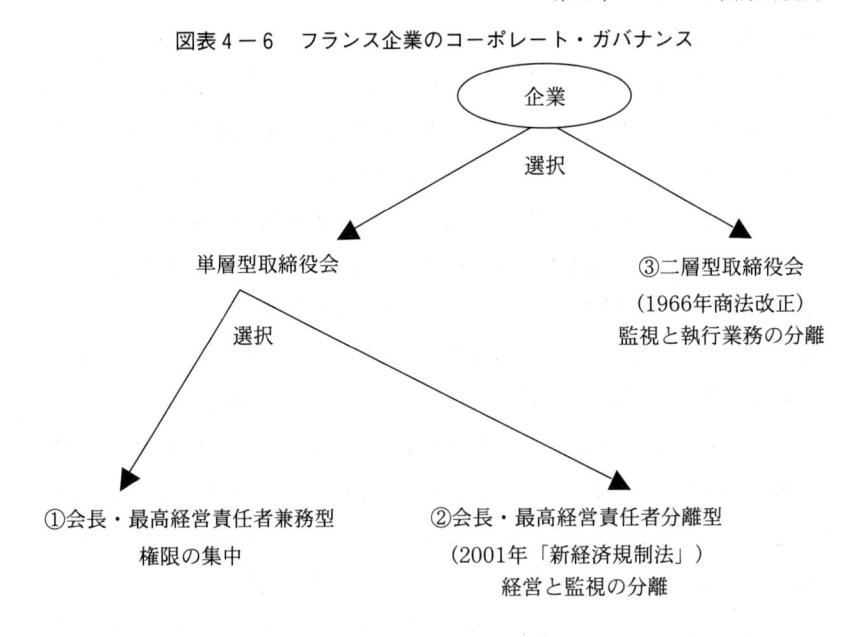

図表4－6　フランス企業のコーポレート・ガバナンス

```
                     企業
                      │
                     選択
              ┌───────┴───────┐
              ▼               ▼
         単層型取締役会      ③二層型取締役会
              │            （1966年商法改正）
             選択            監視と執行業務の分離
        ┌─────┴─────┐
        ▼           ▼
 ①会長・最高経営責任者兼務型   ②会長・最高経営責任者分離型
       権限の集中         （2001年「新経済規制法」）
                          経営と監視の分離
```

務することができないからである[10]。

4　ルノーの国際展開とCSR

　次にルノーの国際展開を，ルノーの競争優位とそれに基づく立地選択の観点から考えよう。そして，同時にCSRの観点からルノーのこれまでの歩みを振り返ってみよう。

　国内の自動車市場が成熟化してしまった場合，自動車メーカーは積極的に国際展開する必要がある。ルノーはドイツの高級車メーカーと異なったセグメントで競争優位を持っている。それは，主に小型車セグメントとそれに見合った価格である。ルノーの国際展開も，小型車が多くの顧客に受け入れられる国を選択すべきであろう。もし，多くの顧客が大型車や高級車を好む国に小型車を販売しても失敗する可能性が高い。

(1) 米国への進出[11]

　ルノーは1956年に4ＣＶの後継車であるドーフィーヌ (Dauphine) を発売した。米国市場でも販売が好調であり，米国市場には大西洋を船でドーフィーヌを輸出した。1959年には，ドーフィーヌはフォルクスワーゲンのビートルよりも米国市場で売れた。しかし，次第に現地のルノーの流通網の不備が目立つようになった。ドーフィーヌ自体も，耐性強度が不足していた。その結果，販売が落ち込み，1960年には米国でドーフィーヌの販売が中止された。

　ルノーは米国進出の夢を忘れられず，1979年にアメリカン・モーターズと乗用車部門で商業的，財務的契約を交わした。しかし，米国で最小規模のアメリカン・モーターズは財務的に健全ではなかった。ルノーは，アメリカン・モーターズの工場とインフラを使ってルノー9（Renault 9）とルノー11（Renault11）を製造した。米国では，この2車の名前をアリアンス（Alliance）とアンコール（Encore）に変えて売ろうとしたが，失敗に終わった。製造コストが高かっただけでなく，品質も悪かったためである。ルノーはアメリカン・モーターズを買収した時，ジープを開発していたならば，現在，米国で競争力を持つことができたと後悔している。結局，1987年にルノーは工場やジープのブランドを2億ドルで売却し，再度，米国市場から撤退した。

　ルノーにとって，この失敗は後々も心の傷となって残った。ルノーは米国市場に，最初，独自に参入したが，2回目は，アメリカン・モーターズを買収して参入した。普通，身売りしている企業は，財務的に苦しい企業が多い。財務的に素晴らしい企業の買収価格は，非常に高い。ルノーは資金に余裕のある企業ではなかったため，財務的に苦しい企業を買収してきた。アメリカン・モーターズやサムソン自動車や日産などがこの例に該当する。ルノーは米国進出失敗の教訓として，海外進出に際し，投資を抑えるならば，必ず失敗するということを学習した。海外進出に際し，ルノーは基礎を十分に固めて，3～4年は赤字を覚悟し，長期的に業績を考えることにしている。ひとつの国で赤字を出しても，多国籍企業は他国で補うことができる。しかし，財務的に安定するには，損失額にもある限度を設ける必要があろう。

ルノーの米国への進出に関しては，ルノーの競争優位である小型車をアメリカ市場で生かしきれず，立地選択を間違えたと思われる。米国で成功するには，後ほどルノーが後悔したようにジープやピックアップ・トラックのような車を開発し販売する必要があった。

(2) 発展途上国への進出[12]

　ルノーグループは，現在118の国で車を製造・販売している。ルノーはルノー・ブランド以外にサムソンとダシア (Dacia) というブランドを持っている。従業員は128,893人であり，利益の伴った成長戦略を最優先課題としており，競争力，イノベーション，国際的拡大がその基軸となっている。ルノーの国際的拡大の源泉となっているのは，低価格車ロガン (Logan) である。以下ではロガンの開発およびルノーの国際的展開を見ていく。

　1995年から，社長のルイ・シュバイツァーは発展途上国にルノーの成長を求めようとした。ルノーはルーマニアのダシアを1999年に買収し，ダシアから2004年に新しいタイプの車ロガンを国際市場向けに5,000ユーロで発売した。低価格車を発売しようという考えは以前からルノーにあった。たとえば，ＣＧＴ (Confédération générale du travail：労働総同盟) によって計画されニュートラル (Neutral) と呼ばれたプロジェクトがあった。Neutralという呼び名はルノー (Renault) の文字を並べ替えて作られた。このプロジェクトはプロトタイプを作る以上には進展しなかった。エンジニアも会社幹部もこの低価格車に興味を示さなかった。1995年にルノーの国際化に際して，高級車に異なるブランドをつけることが提案され，具体的なブランド名として，デラージュ (Delage)，イスパノ・スイサ (Hispano-Suiza) があがった。しかし，社長のルイ・シュバイツァーは，むしろ低価格車を開発することを提案した。車のユーザーは，常に現在所有している車よりも良いものを買いたいという欲求を持つ。しかし，世界の人口の4/5は，初めて車を買おうという人たちである。アメリカでは1910年代にＴ型フォードがそうした人たちの欲望を満たしてきた。戦後のヨーロッパでは4ＣＶとコシネル (Coccinelle) がそれにあたる。1997年にルイ・

シュバイツァーは，ロシアを訪問した時，ロシアにもルノー車を走らせたいと考えた。ロシアでは当時，安全性の低いラダが走っていた。ラダに代わるルノー車を同じくらいの価格で，より安全性を高め近代的に設計して販売したいと考えた。

　しかし，6,000ドルで安全で近代的な車を販売するというルイ・シュバイツァーの考えは，常に，より良いものを開発するという社内の考えと正反対のものだった。特に，財務部門は，低価格車を開発しても収益性が低いという理由で反対した。しかし，ダシアの買収によって，このプロジェクトは進展していった。ルーマニアのダシアは，1960年代以降，ルノーのライセンスを取得して，ルノー12（Renault12）を製造していた。ダシアは，30,000人を雇い，年間100,000台の車を製造していた。ルノーの工場では，5,000人を雇い，年間300,000台の車を製造していた。つまり，Daciaの生産性は低く，労働条件も車の安全性も低かった。ルーマニアの国内市場は閉鎖的であり，労務費は1時間1ユーロであったが，西欧では平均して1時間20ユーロであった。

　6,000ドルの車の開発は，コンセプトが現代的であり，技術的に安全なボディで，故障しないことを重要課題とした。当時，ドル高になったため，ルノーにとって6,000ドルという目標の達成は非常に容易になった。そのため，もう少し困難であるが，実現可能な目標，つまり6,000ドルから5,000ユーロの車の開発に変更された。

　エンジニアは，最初，この開発を不可能であると決めつけたため，ルイ・シュバイツァーはこのプロジェクトを断固として実行することを社内外に公表した。ルノーは挑戦を好む企業であるため，社員もこれに挑もうという気持ちを持つようになった。Jean-Marie Hurtigerがプロジェクト・マネジャーに任命され，3つの要件（現代的なコンセプト，信頼，5,000ユーロの販売価格）を満たす車の開発がスタートした。プロトタイプができあがった時，後ろのトランクの形状が満足のいく出来栄えではなかった。デザイン部門は，改善策としてそこにロガンのエンブレムを入れることを提案した。その改善策は1台につき1ユーロ余計にコストがかかるが，採用された。ロガンを見て「フランケンシュ

タイン」だと嘲笑する人もいたが，コスト・ベネフィットの良い車であり，従来よりも部品数が少なく，全重量は1トン以下であった。一方，クリオは1,200キロ以上ある。ロガンの販売価格はすでに設定されているので，ボディに多くのカーブを入れたり，ガラスを多く使うのは論外だったが，販売価格の範囲内で最も美しいデザインになった。また，ゲルマン風の頑丈さも兼ね備えていた。実際に信頼性があるだけでなく，デザインにその信頼性があらわれていることも重要であった。販売をルノー・ブランドで行うと，設定した販売価格を3,000～4,000ユーロ上回ってしまうため，ダシアのブランドで販売することになった。

　ルイ・シュバイツァーはギャンクールのテクノセンターでプレスに新車発表をした。このテクノセンターは，高い技術を持った1万人のエンジニアが働く近代的な場である。ロガンはルノーの技術を結集して開発した車であり，格下げした車ではないことをアピールしたかったのである。開発途上国向けの新車であるため，それらの国のジャーナリストをテクノセンターに呼んだ。テクノセンターは，建設されて10年弱であったが，このような多くの人を集めたのは初めてであった。次に，トルコのカッパドキアをロガンの発表の場に選んだ。この場所は観光地として魅力的であるだけでなく，超近代的な自動車が走っていなかったからである。招待者全員が来場し，すべての人がこの新車に熱狂した。ロガンは，それを必要としている人々の要望に応えたものであることが証明された。

　2005年には，西欧でも価格を上げてロガンが販売された。フランスでも予想以上の売れ行きとなり，ロガンは，実質的に世界的に売れる車となった。ルノーのディーラー網ではルノー・ブランドでロガンを販売した。ロガンは現在，ステーション・ワゴン，ライトバン，ピック・アップ・トラックなど多くのバリエーションを持つ。ロガンの発売に際し，すべての経済誌はルノーを酷評し，損失を出すだろうと予測したが，予想に反してロガンは大きな利益をルノーにもたらした。ロガンは，ルノーのかつての低価格車の4CVの延長線上にあり，ルノーにとって，それほどかけ離れたコンセプトの車ではなかった。ドイツ国

内を時速180kmで飛ばす車とロガンを比較すると,技術的にも劣るし,洗練されてもいないが,発展途上国の人々を満足させたのである。ルノーはロガンという低価格車で発展途上国に進出しているが,これはルノーの競争優位とそれに基づく立地選択の観点から考えると非常に適合的である。

　2004年にルノーが5,000ユーロの車,ロガンを発売した時に,フォルクスワーゲン,Fiat,GM,トヨタはこの低価格車に興味を示した。ルノーは,2004年9月にロガンを発売して以来,51か国で415,000台を販売した。10,000ユーロ以下の車を売る自動車メーカー (FiatのPalio, TataのIndica, VolkswagenのFox, KiaのPicanto, CheryのQQ, MarutiのZen 等) は多いが,ロガンほど安くはない。すなわち,ルノーは低価格車の市場で他社より一歩,先んじている。2007年にロガンの車体は,より大きくなり,生産する国も,ルーマニア,モロッコ,コロンビア,ロシアから,さらにインド,イラン,ブラジルと拡大し,ルノーの収益に大きく貢献している[13]。

(3) ルノーの国際展開と社会的側面

　ルノーの国際的展開に際し,現地工場と国内の人事政策がどのように行われてきたのかを検証し,ルノーのCSRの社会的側面を考察する。

(i) 現地工場の人事政策[14]

　現地生産をする際,フランスより経済的に遅れている国では,工場のコンセプトはフランスを模範にしている。ルノーはフランスからチームを送り,現地での教育訓練を通して現地の人に工場の運営が引き継がれる。たとえばブラジルでも100人ほどのフランス人が送られ,製造と販売が軌道に乗ると,フランス人は本社に戻った。ブラジルには,自動車の販売方法を知っている人が多く,商業精神が豊かであり,自動車整備工場の経営に関しても知識を持っている人が多い。近代的な工場で勤勉に働くことができる人を採用するのも容易である。ブラジルでは2年の工場建設を経て,1998年末,ブラジル工場が立ち上がり,幹部の配備も問題なく行われた。工場長はフランス人であるが,従業員を円滑に管理している。

しかし，ルーマニアでは事情が異なった。ルーマニアでは商業精神が欠けており，かつてのフランスのように，工場内に階級制度が存在した。フランスでは戦後，労働者はスタハノフ運動（社会主義国における競争・創意工夫に基づく生産性向上運動）の労働者ではなかった。しかし，フランスの労働者は，経済発展という共通のプロジェクトに参加しており，動機付けがなされていた。ところが，ルーマニアでは技術教育だけでなく精神的教育が必要であった。指導者は，厳格な権威の下に労働者を監視しており，ルノーの望むような幹部の行動とはかけ離れていた。これらの問題は繊細な問題であるため，ルノーは現地の工場を植民地のように扱うことは避けた。外国人幹部を思惑通りに教育するには忍耐が必要であり，いまだ，満足のいく状態ではない工場もある。反対に，トルコの現地工場ではすでに35年が過ぎており，うまく軌道に乗っている。

このように，発展途上国といっても，従業員の技術レベル，勤勉さ，工場内の階級制度等，千差万別である。したがって，現地工場の人事政策も現地に合わせてフレキシブルにせざるを得ない。

(ⅱ) ルノーの人事政策の歴史

ルノーは戦後，国有企業として出発した。1955年9月，ルノー公団総裁のピエール・ドレフュスは，労働組合と話し合いを持ち，3週間の有給休暇を保障することに合意した。1962年には4週間の有給休暇が導入された。1975年までに，ルノーグループの従業員数は増大し，移民も従業員の21%を占めるほど多かった。当時のルノー公団総裁ジョルジュ・ベスは企業の効率化に乗り出したが，労働者の削減計画に反対する組合が大きな問題となっていた。1984年には従業員は213,700人に増大していた。1985年，早期退職や移民の本国への帰還，そしてレイオフという手段によって，ルノーの従業員は2年間で21,000人削減された。これを機にＣＧＴ主導のストライキが発生し，結局，10人の組合員が追放され，彼らの職場復帰はなかった。1986年末までに，ジョルジュ・ベスはルノーの赤字を半減することができた。しかし，当時のフランスのテロリスト'Action directe'の標的となり，ジョルジュ・ベスは1986年11月17日に暗殺された。その後，レイモンド・レヴィがベスの後を引き継ぎ，1992年には，財

務担当のルイ・シュバイツァーがルノー公団総裁となった[15]。

カルロス・ゴーンは1996年の秋以来，会社のナンバー2であった。彼は近代化を推進し，急激なコスト削減計画を導入した。製造拠点を再配置することによって，生産システムを合理化した。1997年に，シュバイツァーはベルギーのビルボルド工場の閉鎖を決定した。閉鎖の発表によって，ストライキが発生したが，3,100人の労働者に対して，退職計画を提案し，レイオフされた人全てに他の拠点での雇用を提案した[16]。以上のように，ルノーの人事政策は，国有化によって従業員の雇用が優先された結果，その後は，生産性や収益性のためにいかに従業員を削減するかが主問題となった。また，ルノーは国際化によって現地工場を増加させたが，フランス国内の工場の稼働率が低下しており，国際化とのジレンマを抱えている。2006年のルノーの国内5工場の稼働率，製造車種，生産台数，従業員数等の概要は以下の通りである。

① Sandouville工場：稼働率41.4%，従業員4,748人，平均年齢47歳，2006年は操業停止60日，2005年は操業停止40日，組合組織率：ＣＧＴ47%，ＦＯ（Force ouvrière：労働者の力）33%，2006年の品質に対する教育・訓練は42,000時間であった（生産縮小で操業していない日に，品質を高める教育訓練を受け，不良品0を目指す）。製造車種：Laguna 2, Laguna 3, Espace, Vel Satis, 生産台数124,000台[17]。

② Dieppe工場：稼働率68%，従業員421人，製造車種：Clio Sport, Mégane Sport, 生産台数10,000台。

③ Flins工場：稼働率97.9%，従業員4,638人，製造車種：Twingo, Clio 2, Clio 3, 生産台数343,000台。

④ Batilly工場：稼働率105.9%，従業員2,564人，製造車種：MasterⅡ, 生産台数106,000台。

⑤ Maubeuge工場：稼働率71.1%，従業員2,568人，製造車種：Kangoo, Kangoo Express, 生産台数199,000台[18]。

ルノーのフランス国内工場は，Flins工場とBatilly工場以外，稼働率が低い。工場の再編を行うと，人員の削減等の労働問題が生じる。それを避けるために，

他の工場や他の職種に移れる能力，つまり「エンプロイアビリティ」を構築できるような教育訓練が必要である。ヨーロッパは失業率が高く，フランスは特に高いため，CSRの中でも人権問題や従業員の教育訓練に関心が高い。

2004年10月12日に，ルノーは基本的な社会的権利の宣言にサインした。この宣言をフランスで最初に行った企業は，ルノーである。この宣言は，グローバルなルールや原則を守り，特に，健康，安全，労働条件，児童労働の禁止，強制労働の禁止に留意することをうたっており，Dacia，ルノーサムソン自動車，そしてサプライヤーにも適用される。児童労働に関して，ルノーは学校に通学している児童，そして15歳以下の児童を雇うことを禁止している。また，労働時間国内法に従って，週35時間労働を遵守しなければならない。

しかしながら，ルノーの国内工場では労働力の平均年齢（例：Sandouville工場の平均年齢は47歳）が上がってきており，年齢の引き下げが課題となっている。2000年～2005年の間に，ルノーグループは新規に43,000人を雇用し，労働力の1/3を入れ替えた。同時期，フランスとスペインで退職計画を実施し，労働力の若返りを促進した。国際化に際し，外国人または外国で育った人の採用を促進しており，2005年には新入社員の24％を占めた。それと並行して，従業員の外国語，特にTOEIC750点以上を目標に英語の能力向上が，図られている[19]。

5　メキシコにおけるヨーロッパ多国籍企業のCSR比較[20]

ルノーの国際展開は，中南米，中東，アジアなどの発展途上国への進出が主である。発展途上国のCSR基準は，フランスよりも低いと思われる。メキシコには他のヨーロッパ多国籍企業も進出しているため，現地子会社間のCSRを比較し，ルノーのグローバルなCSR方針を検討する。

図表4－7は，2004年に調査されたヨーロッパ多国籍企業7社のメキシコ子会社の概要である。Continental TireとMagnetti Marelliは自動車部品メーカーであり，他の5社は自動車メーカーである。DaimlerChryslerのメキシコの子会社数は17と多いが，他の企業の子会社数は少ない。

図表4－7　メキシコにおけるヨーロッパ多国籍企業の子会社の概要

子会社	親会社	メキシコの他の子会社数	操業開始	製品	売上高(2003)	従業員数(2004)
Mercedes-Benz de México S.A. de C.V.	DaimlerChrysler	17	1989	トラック，バス	データなし	957
Volkswagen de México S.A. de C.V.	Volkswagen	1	1967	乗用車，エンジン	60億ドル	14,685
Renault México S.A. de C.V.	Renault	0	1982	乗用車	5,000万ドル	2,097
Volvo Bus de México	Volvo AB	1	1998	バス	4,300万ドル	1,908
Continental Tire de México S.A. de C.V.	Continental AG	0	1973	タイヤ	1億7,000万ドル	1,400
Magnetti Marelli México S.A. de C.V.	Fiat	1	1996	自動車用ライト	データなし	350
Scania México	Scania AB	0	1994	トラック，バス	3,000万ドル	173

(出所)　Alan Muller, Global versus Local CSR Strategies, *European Management Journal,* Vol. 24, Nos. 2-3, April～June 2006, p. 191.

　EUとメキシコは，1997年に自由貿易に関するグローバル・アグリーメントを交わした。この中で教育訓練，福祉，貧困，人権，民主主義，健康等の29の条項における双方の協力がうたわれている。グローバル・アグリーメントの存在はEU多国籍企業のメキシコ子会社のCSR政策に少なからず影響を与えるものである。

　図表4－8はヨーロッパ多国籍企業の子会社のCSRを比較したものであり，その調査項目にある「再生エネルギー利用」，「リサイクル」，「環境保護促進」は，グローバル・アグリーメントのEUとメキシコの協力すべき事項に含まれている。

第4章　ルノーの国際的展開

図表4－8　メキシコにおけるヨーロッパ多国籍企業の子会社のCSR比較

	再生エネルギー利用	リサイクル	環境保護促進	CO_2排出の削減	女性ホワイトカラー	職業訓練	組合組織率
EU基準	全体の6％[1]	廃棄物の6％[2]	OJT	2008年以前の制度基準（京都議定書）	40％[3]	労働コストの2.5％[4]	26％[5]
Mercedes	2002年より2％ソーラー・パネル	2002年より5％	作業場でのリサイクル訓練	メキシコの規制に準ずる	21％（支援業務）	労働コストの5％	50％
Volkswagen	全体の3％ソーラー・パネル	5％	廃棄物管理のOJT	メキシコの法律とグローバルな要請	13％（支援業務）	5％	100％（自動的）
Renault	0, 計画なし	2004年開始	訓練なし	メキシコの規制に準ずる	14％（支援業務）	日産が実施	60％
Volvo	5％（水力発電）	グローバル基準, 2001年より10％削減	毎年目標を修正, 毎年訓練を行う	2007年までに15％削減	24％（主に支援業務）	3％	100％（自動的）
Continental	なし, ソーラーパネルの計画あり	限定的	なし	なし, ISO14001取得計画あり	6％	2％	100％
Magnetti	なし, 計画もなし	なし, ISO14001に従って計画	なし	適用不可と推測	21％（支援業務）	利用可能だが促進はせず	約25％
Scania	なし	10％	2ヶ月ごと	メキシコの規制に準ずる	20％	3％	100％毎月の会合

（出所）　Alan Muller, Global versus Local CSR Strategies, *European Management Journal,* Vol. 24, Nos. 2－3, April～June 2006, p. 193.

1) 2000年までに全エネルギー消費量の5.6％を再生エネルギーにしなければならないという基準から現在を推測。
2) ヨーロッパの自動車産業には明確なリサイクル基準がないため, プラスチックの約6％が2002年にリサイクルされたという事実から設定。
3) 2000年, EUの女性のホワイトカラー比率は約40％だった。
4) 1999年, 職業訓練に対するEU企業の平均支出は, 全労務費の2.3％だった。
5) 2004年, EUの組合組織率は26％強だった。

図表4－8から再生エネルギーを使用する子会社は，Volvo, Volkswagen, Mercedesの3社であることが分かった。リサイクル分野ではVolvoとScaniaが最も進んでおり，次にVolkswagen, Mercedesが続く。環境保護活動でも，Volvo, Scania, Volkswagen, Mercedesが積極的であり，他の3社は消極的であった。労務費に対する職業訓練費用はVolkswagen, Mercedesが5％，VolvoとScaniaが3％，Continentalが2％だった。ルノーでは日産が職業訓練を行うため，データがなかった。ルノーグループ全体としての従業員の職業訓練費は2005年に人件費の5.8％，2006年には4.4％を占めており，EU基準よりも高い。ルノーのメキシコ工場は，元日産の工場であるため，純粋にルノーのCSRの方針を反映したものとは言えない。

　ホワイトカラーに占める女性の比率は，EUと比較すると全子会社とも相対的に低い。メキシコ女性のホワイトカラーは秘書と受付業務が多かった。というのは，メキシコの女性は伝統的に家庭に入るものと考えられており，管理職に適した女性が少ないためである。CO_2排出の削減で最も進んだ企業はVolvoだった。全子会社の労働組合組織率は，EU平均と比較すると同等または高かった。

　以上をまとめると，Volvo, Volkswagen, DaimlerChryslerのメキシコ子会社は，積極的にCSRを推進しており，Scaniaが前3社に続き，Renault, Magnetti, ContinentalがCSRの推進に消極的であった。

　図表4－9は，各子会社のマネジャーが子会社の自主性をどのように認識しているかを表している。Renault, Magnetti, Continentalでは，親会社が子会社を管理していると認識しており，Volvo, Volkswagen, Mercedes, Scaniaでは子会社に自主性があると認識していた。しかし，Scaniaでは10万ドル以上という比較的小額な投資にも親会社の許可が必要であり，自主性は他の3社ほど高くなかった。総じて，Volvo, Volkswagen, Mercedesは親会社とほぼ同レベルのCSRを推進していたが，Renault, Magnetti, ContinentalはEUや親会社のCSRレベルより低かった。Scaniaは自主性，CSRレベルとも中間に位置している。したがって，各ヨーロッパ多国籍企業の子会社のCSRを，「親会社と子

第4章　ルノーの国際的展開

図表4－9　子会社の自主性

子会社	回答者	意思決定	証拠
Mercedes - Benz	PRマネジャー	独立	事業での持続的な自主性，4半期ごとの財務報告
Volkswagen	人的資源管理マネジャー	独立	大きな自主性，100万ドル超の投資は親会社が決定
Renault	マーケティングの取締役	親会社が管理	日産時代から親会社が管理
Volvo	PRマネジャー	独立	親会社はメキシコ市場の知識がない 北米ボルボが大きな投資決定に加わる
Continental	工場マネジャー	親会社が管理	CEOが定期的に訪問 すべての戦略的決定を親会社に相談する義務がある
Magnetti	PRマネジャー	親会社が管理	厳重に管理されている すべての投資決定を毎月報告し，許可を得る必要がある
Scania	PRマネジャー	独立	小工場のため，親会社は日常的操業には口出ししない 10万ドル以上の投資には許可が必要

（出所）　Alan Muller, Global versus Local CSR Strategies, *European Management Journal*, Vol.24, Nos.2－3, April～June 2006, p.195. を一部削除。

会社の関係」と「CSRのレベル」の2軸の中にプロットすると図表4－10のようになる。

　図表4－10から，現地子会社のCSRのレベルが高いと子会社の自主性が大きく，親会社の管理が徹底し子会社の自主性が小さいと現地のCSRのレベルが低いことが分かった。子会社の自主性が大きいと，現地の実情に即したCSRを実行できるため，CSRの内容が充実するのではないかと考えられる。しかし，反対に子会社の自主性が大きくなると，現地のレベルに合わせてより低い基準のCSRを採用するのではないかという懸念もぬぐえない。しかし，実際には本国よりCSRの基準が低い国で活動する多国籍企業は，子会社が自主性を発揮し，自社基準を現地のCSR基準より高めに設定していることが把握で

図表4－10　ヨーロッパ多国籍企業のメキシコ子会社のCSRのポジショニング

```
親会社が管理 ↑ Renault
              Magnetti
                Continental
親会社と
子会社の関係              Scania

                                            Volvo
                                          Mercedes
                                          Volkswagen
自主独立 └─────────────────────────────────→
        低い          CSRのレベル        高い
```

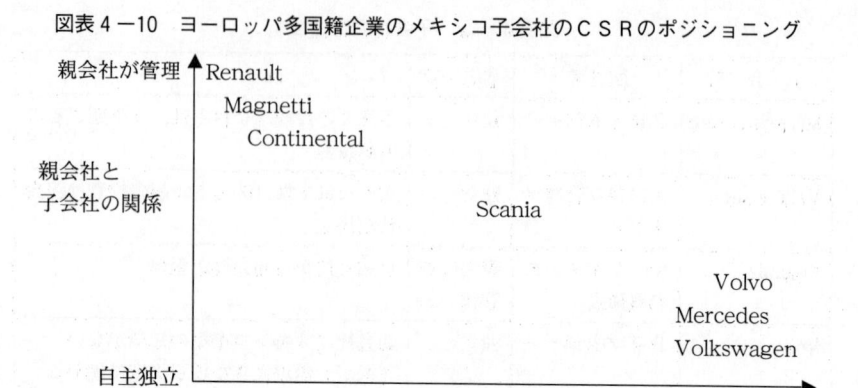

（出所）　Alan Muller, Global versus Local CSR Strategies, *European Management Journal*, Vol. 24, Nos. 2－3, April～June 2006, p. 195.

きた。また子会社の自主性の高いところでは職業訓練や環境保護活動に熱心であり，これらの活動を通して社内にCSRを広めているものと推測される。

6　ルノーメキシコのCSR

　前節の結果を受けて，ルノーメキシコのCSRのレベルが低かった理由を考察する。まず，ルノーメキシコの概要を見る。ルノーは1986年にメキシコ市場から一旦，撤退した。その理由は，ルノーが当時，ヨーロッパ市場で苦戦しており，メキシコ市場でも経済危機が起きていたからである。ルノーがメキシコ市場に再度参入したのは2000年4月であった。日産が工場の設備や部品調達，バックオフィス等でルノーを支援している。今回の参入では，ルノーは財務的にも健全で，品質の高い車を揃えており，さらに日産との戦略的提携も役立っている。ルノーと日産はグローバルに生産拠点をシェアしており，ルノーはメキシコの「日産クエルナバカ工場」で2000年以来セニックを製造している。2001年の末からは「アグアスカリエンテス工場」でクリオが組み立てられている。2002年にルノーは15,000台を販売し，メキシコ国内シェアは2.2％であっ

た。2003年末までに，ルノーメキシコは42の販売代理店を作り，前年度より25%増の18,800台の車を販売した。販売車種はセニック，セニックRX4，クリオになる。ルノーの販売代理店は，日産の現在の販売代理店から選択されており，ルノー車のマーケティングには日産のバックオフィスが使用されている。なお，日産は1961年からメキシコで操業しており，1998年の日産の市場シェアは22%であった。

2002年3月28日にルノー・日産の戦略的提携経営会社が設立され，当時の社長のルイ・シュバイツアーが戦略的意思決定を行い，2社の中長期計画を承認し，共同プロジェクトを監視していた。現在進行しているプロジェクトは「スコアカード」を使ってモニターされている。主要な指標はルノーと日産の重役会議で定期的にチェックされる。共通の品質基準が2003年1月にすべてのルノーの生産拠点に導入された。ルノーの生産方式は日産の生産プロセス能力に基礎を置いた。一方，日産はルノーの「エルゴノミックス（人間工学）」を導入した。つまり，CSRの経済的側面や社会的側面で，ルノーと日産は優れた会社の方式を取り入れている[21]。

図表4-11はルノーグループとルノーメキシコをCSRの各項目で比較したものである。すべての項目でルノーグループはルノーメキシコよりも上回っており，EU基準さえ上回っている。

ルノーは現地の工場の環境政策に環境管理システムEMS（Environmental Management System）を組み込み，環境保護政策を監視し，推進している。しかし，2004年時点のルノーメキシコの環境保護政策に見るべきものがないのが実情である。ルノーメキシコのCSRのレベルが低かった理由は，ルノーがメキシコで工場を新設したのではなく，日産の工場を使用したため，ルノー自体のCSR方針が現地で徹底されなかったことが一因である。その他に，まだルノーメキシコが設立されて間もないため，ルノーのCSR方針が現地に浸透していないこと，そして子会社の自主性の欠如が挙げられよう。しかし，ルノーメキシコのCSRのレベルが低いのは，日産のCSRのレベルが低く，それが反映されているからだということは言えない。たとえば，世界中の企業のCS

図表4－11　ルノーグループとルノーメキシコのCSR比較

	再生エネルギー利用	リサイクル	環境保護促進	職業訓練	組合組織率
EU基準	全体の6%	廃棄物の6%	OJT	労働コストの2.5%	26%
ルノーグループ	全体の10%	廃棄物の20%	環境管理システム（ISO14001に従って計画）	労働コストの4.4%（2006年）	80%
ルノーメキシコ	0,計画なし	2004年開始	訓練なし	日産が実施	60%

（出所）　ルノーのホームページおよびAlan Muller, Global versus Local CSR Strategies, *European Management Journal,* Vol. 24, Nos. 2－3, April～June 2006, p. 193より作成。

Rに関する情報開示の格付機関である「グローバルレポーターズ」で，日産は初めて，ワールドベストプラクティス50社に選ばれた。日産の順位は49位であるが，自動車業界ではフォードに次いで2番目であった[22]。したがって，「グローバルレポーターズ」のCSR評価では日産の方がルノーより上位に位置する。OEKOMリサーチでは，ルノーが分析された自動車メーカーのうち，最も高い評価を得た自動車メーカーであった。このように，CSR格付機関ごとに企業のCSRの評価が異なり整合性がない。それぞれ評価方法が異なることが主要因である。日産とルノーのCSRを比較しようとしたが，どちらのレベルが高いのかを明確に把握するのは困難である。たとえば，日産のサスティナビリティレポートでは自社で設定したCSR目標を100%達成したとか，ある年と比較して何%のCO_2が削減されたというような記載方法をとっており，ルノーのサスティナビリティレポートではまた違う年度の比でCO_2の削減比率を述べている。2社の特定の年のCO_2の排出量を数値で出すのは非常に複雑かつ困難である。また，もともとルノーは小型車を多く販売しているため，製品自体が出すCO_2の量は努力しなくとも大型車を多く販売する自動車メーカーよりも当然少なくなる[23]。ただ，女性の活用で日本企業が遅れをとっているのは確かである。内閣府男女共同参画局の資料によると，2005年の女性管理職の割合は，日本が10%，ドイツが37%，米国が42%である[24]。日産自動車で

は，2006年に日本の女性管理職比率が4％，欧州10％，北米・中南米14％，一般海外地域が15％であった[25]。

7 おわりに

西欧の自動車市場は，日本と同様にすでに成熟化しており，ルノーは企業成長のために，国際的展開が必須である。ルノーにとって，発展途上国へ低価格車ロガンを販売することが国際化の主たる道筋となっている。したがって，ルノーは国際展開する場合，本国のＣＳＲ基準より低い国へ進出する機会が多くなる。メキシコの場合もそうである。ルノーはメキシコではフランス国内よりもＣＳＲのレベルを下げており，かつ，調査対象の他のヨーロッパ多国籍企業よりもＣＳＲのレベルが低かった。ルノーグループとしてのＣＳＲは，3社の格付機関から非常に高い評価を得ているにもかかわらず，ルノーメキシコのＣＳＲ評価は低い。その理由として，もともとメキシコ工場は日産が建設したものであること，また，ルノーメキシコが設立されて間もないため，ルノーのＣＳＲ方針が現地に浸透していないこと，そして子会社の自主性の欠如が主たる要因として考えられる。しかし，日産のＣＳＲレベルがルノーよりも低いかというと，労働災害の頻度[26]などではルノーを上回っているものもあり，一概には断定できない。一般的に，日本企業は環境分野や経済的側面に強く，ＥＵ企業は人権保護などの社会的側面に強い。

発展途上国のＣＳＲ基準は一般的に低いが，先進国にある本社のＣＳＲがすべてに渡って，現地子会社よりレベルが高いとは言えない。国や地域によって，特定分野に強かったり，弱かったりする。たとえば，日本企業の女性の活用度は多くの発展途上国よりも低い。

したがって，多国籍企業のＣＳＲ戦略について，現地のＣＳＲレベルを本国と同じレベルにすべきか，または現地に合わせて低く設定すべきかという単純な問題ではなく，多国籍企業は現地に即して各項目を設定し直す必要があろう。つまり，多国籍企業は現地子会社のＣＳＲの方針を決定する際，個別の項目を

本国のものと比較分析し，修正する必要がある。その際，現地でのCSR方針を決定する子会社の自主性が重要になってくる。たとえば，高い社会保障制度を持つスウェーデンでは，企業が社会に寄付をするフィランソロピー活動よりも，環境保護の方がCSR項目としてのプライオリティが高くなるであろう。しかし，スウェーデンの多国籍企業の現地子会社は，フィランソロピー活動も環境保護と同様に重視する必要がある。子会社の自主性を高めれば，現地のCSRレベルが低くなるという性悪説は，Mullerの調査では当てはまらない。

環境分野で言えることは，消極的な「エンド・オブ・パイプ」型の基準に対応するよりも，製品のライフサイクルを通した環境保護活動へ変えることによって，多国籍企業は本国と他地域での環境保護活動に一貫性を持たせやすくなるだろう。

企業の国際展開は，自国の優れたCSRをグローバルに広める良い機会である。多国籍企業は世界的なサプライチェーンや買収企業，提携企業を通して自社の優れたCSRを広め，影響を及ぼすことができる。EUの厳しい環境規制も，世界の環境規制の底上げに貢献するであろう。CSRを重要視する多国籍企業は，現地のCSR基準以上のものを自社基準として設定し，実行しようとするだろう。したがって，海外の子会社のCSR基準を見ると，その多国籍企業の倫理性が見えてくるのである。

（注）
1） 藤井敏彦，海野みずえ編著『グローバルCSR調達』日科技連出版社，2006年，12ページ。
2） 藤井敏彦『ヨーロッパのCSRと日本のCSR』日科技連出版社，2005年，76ページ。
3） 同上書，64ページ。
4） 日産Sustainability Report 2007，11ページ。
5） EUでは環境問題に積極的に取り組んでおり，以下のように多くの規制や指令が存在する。なお，「規制：régulation」とは，EU市民にその適用を強制する力を持つものであるが，「指令：directive」とは，ある程度，各国の自由裁量権を容認するものである。
① RoHS（Restriction of Hazardous Substances：ローズ）指令：2006年7月実施の

ＥＵ指令であり，鉛，水銀，カドミウム，六価クロム，ポリ臭化ビフェニール，ポリ臭化ジフェルエーテルの6物質の製品への含有量を制限している。もしこの指令に違反すると，罰金や出荷停止となる。ソニーは2001年にオランダに輸出した家庭用ゲーム機からカドミウムが検出されたため，出荷停止となり大きな損失を被った。

② ＥＬＶ指令：2007年1月以降，全車への特定有害物質使用禁止，リサイクル義務が設けられた。リサイクルの達成率は，再使用・再生率が平均重量で85％以上，再使用・再利用率が80％以上に定められる。欧州の自動車に六価クロムの使用が禁止になり，ホンダは国内の取引先600社に技術支援をし，代替技術や代替材料に切り替えた。

③ WEEE（Waste Electrical and Electronic Equipment）指令

④ REACH（Registration, Evaluation and Authorization of Chemicals）規制：2007年6月ＥＵ向けの自動車の中の化学物質に登録義務を課した。ＥＵ向けの製品設計が標準となることにより，ＥＵの環境規制や指令が全世界の企業に影響力を発揮することができる。

その他：CO_2排出の削減では，ＥＵは1990年比で温暖化ガス排出削減目標を8％削減とした。2005年1月から温暖化ガス排出権取引市場（ＥＵ－ＥＴＳ）が開設された。温暖化ガス排出超過企業への罰則は，1トン当たり40ユーロであり，2008年以降は100ユーロ課される。取引所では排出権の価格の値動きが激しい相場となっている。

6) 藤井敏彦，前掲書，99〜101ページ。
7) 同上書，99〜101ページ。
8) Louis Schweitzer, *Mes Années Renault,* Gallimard 2007, pp. 96〜97.
9) 吉森賢「フランスの企業統治－大陸ヨーロッパモデルとアングロサクソンモデルの狭間で－」日仏経営学会誌，第22号，2005年，48〜51ページ。
10) 吉森賢『経営システムⅡ，経営者機能』財団法人放送大学教育振興会，2006年，195ページ。
11) Louis Schweitzer, op. cit., pp. 89〜91.
12) Ibid., pp. 79〜89.
13) L'Usine Nouvelle, No. 3047, 2007－3－15, pp. 24〜25.
14) Louis Schweitzer, op. cit., pp. 107〜109.
15) Ibid., pp. 19〜23.
16) カルロス・ゴーン，フイリップ・リエス著，高野優訳『カルロス・ゴーン経営を語る』日本経済新聞社，2003年，158〜160ページ。
17) L'Usine Nouvelle, No. 3042, 2007－2－8, pp. 14〜15.
18) Ibid., p. 11.
19) http://www.renault.com/renault_com/en/main/30_DEVELOPPEMENT_DURABLE/より。
20) Alan Muller, Global versus Local CSR Strategies, *European Management Journal,* Vol. 24, Nos. 2-3, pp. 189〜198, April〜June 2006.
21) http:www.renault.com/renault_com/en/main/10_GROUPE_RENAULT/より。
22) 日産Sustainability Report 2007より。

23) ＥＵの自動車メーカーは1998年に，2008年に販売される車の平均ＣＯ₂の排出量を140ｇ/kmに削減しなければならないと定められた。すなわち，ＣＯ₂の20％以上の削減となる。しかし，実際は2005年に160ｇ/kmでしかなかった。2005年，フランスで販売された車の自動車メーカー各社の平均ＣＯ₂排出量：ＰＳＡが144ｇ/km，ルノーが146ｇ/km，Fiatが148ｇ/km，Fordが150ｇ/km，ＧＭが154/km，ＶＷが156ｇ/km，トヨタが161ｇ/km，DaimlerChryslerが173ｇ/km，Hundaiが181ｇ/km，ＢＭＷが184ｇ/km。
24) 日本経済新聞，2007年7月31日付。
25) 日産Sustainability Report 2007, 22ページより。
26) 日産は2006年に0.24（労働災害全度数率＝全災害件数÷延べ労働時間×100万）
　　ルノーの地域別労働災害全度数率は，次の図で示されるように，すべての地域で日産より高かった。

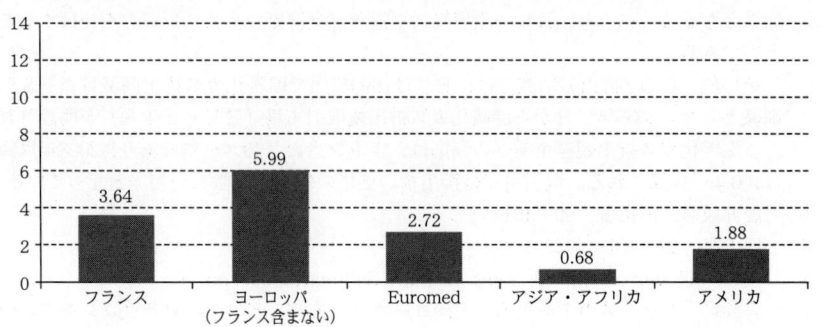

フランス	3.64
ヨーロッパ（フランス含まない）	5.99
Euromed	2.72
アジア・アフリカ	0.68
アメリカ	1.88

（出所）http://www.renault.com/renault_com/en/main/10_GROUPE_RENAULT/より。

（参考文献）

カルロス・コーン，フイリップ・リエス著，高野優訳『カルロス・ゴーン経営を語る』日本経済新聞社，2003年。
高巌，日経ＣＳＲプロジェクト編『ＣＳＲ企業価値をどう高めるか』日本経済新聞社，2006年。
藤井敏彦，海野みずえ編著『グローバルＣＳＲ調達』日科技連出版社，2006年。
藤井敏彦『ヨーロッパのＣＳＲと日本のＣＳＲ』日科技連出版社，2005年。
藤井良広，原田勝広『ＣＳＲ優良企業への挑戦』日本経済新聞社，2006年。
水尾順一，田中宏司『ＣＳＲマネジメント』生産性出版，2006年。
吉森賢『経営システムⅡ，経営者機能』財団法人放送大学教育振興会，2006年。
Alan Muller, Global versus Local CSR Strategies, *European Management Journal,* Vol. 24, Nos. 2-3, pp. 189~198, April~June 2006.
Louis Schweitzer, *Mes Années Renault,* Gallimard, 2007.

第5章

社会環境問題と製品開発

1 はじめに

　先進諸国では，90年代に，環境に配慮を欠く企業は，社会的に許されないというコンセンサスが形成された。このようなコンセンサスの下で，企業の環境経営が促進されてきた。日本においても，環境に関する種々の法規則が整備されたのは90年代であった[1]。

　環境に対する消費者の意識を見てみると，電通が2002年3月に実施した「生活者の環境意識と行動」に関する調査では，「環境問題に現在，関心がありますか」という質問に，74％が「関心がある」と答えている。しかし，「環境に配慮した商品かどうかチェックするか」という問いには，10％以下しかチェックしていないという結果が出た[2]。

　国立環境研究所の「地球環境とライフスタイル研究会」による2000年の調査では，消費者の環境意識は高いが，商品の購入時には価格重視の行動をとることが明らかにされた[3]。つまり，消費者の環境に対する意識は高いが，行動を伴っていないのである。

　したがって，多くの消費者が環境配慮型製品を購入するためには，企業は，製品の「環境保全性の向上」だけでなく，「性能・品質の向上」および「コストアップの抑制」をも同時に実現しなければならない。政府が環境配慮型製品を普及させてグリーンマーケットの形成を促進するために，補助金を出したり，

グリーン税制[4]を設ける場合もある。しかし,そのような恩恵が得られない市場でも,企業は国際競争力を持つためには,やはり自力で「性能・品質の向上」,「低価格」,「環境保全」の3つを満たすような製品を製造しなければならない。

さて,環境問題を考えるにあたって,「環境」を定義する必要がある。「[環境]は,経営に関連する自然的与件の総体を包含するエコロジカル・システムとして理解され…経済システムに公共消費財である天然資源を供給し,経済活動が行われる空間を提供し,生産と消費から生じる廃棄物を引き受けるものである[5]。」

企業は,経営活動によって生じる環境へのダメージを小さくするために,環境保全活動を行う必要が出てくる。しかし,企業の環境保全活動は,費用の増加を伴うため,製品の価格競争力を低下させてしまう。一方,企業は営利体であるから,利益を上げなければならない。そのため,環境保護を利益目標達成のために犠牲にするという企業行動の可能性が出てくる。

企業の利益目標と環境保護目標は,図表5－1のようにある程度,補完関係にあるが,完全に一致することはない。利益目標と環境保護目標の大部分は,競合関係にあると思われる。

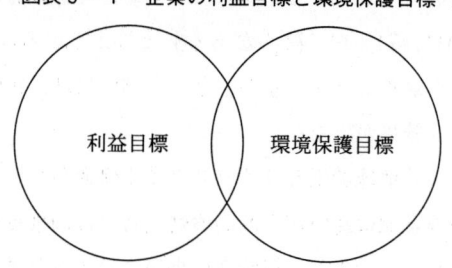

図表5－1　企業の利益目標と環境保護目標

(出所)　宮崎修行著『統合的環境会計論』創成社,2001年,289ページ。

しかし,「環境保護においては新たな市場や潜在利益を開拓するチャンスがあり,また長期的に見れば,環境保護なくしてはもはや潜在利益はなんら獲得できない[6]」し,場合によっては企業の存続も危うい。

第5章　社会環境問題と製品開発

2　環境に対する企業の姿勢

企業の環境保護活動は大きく分けて次の2タイプに分類される。
(1) 受動的環境政策：法規等の，外部から与えられた規制に従った企業の環境保護活動
(2) 積極的環境政策：法規の遵守に加えて，外部費用を減少させるために企業内部で定めた自律的な目標を達成しようとする企業の環境保護活動

環境に対する「受動的・積極的」企業態度に，さらに「コストと利益」の軸を加えると，図表5－2のように4つの企業の環境戦略タイプに分類することができる。

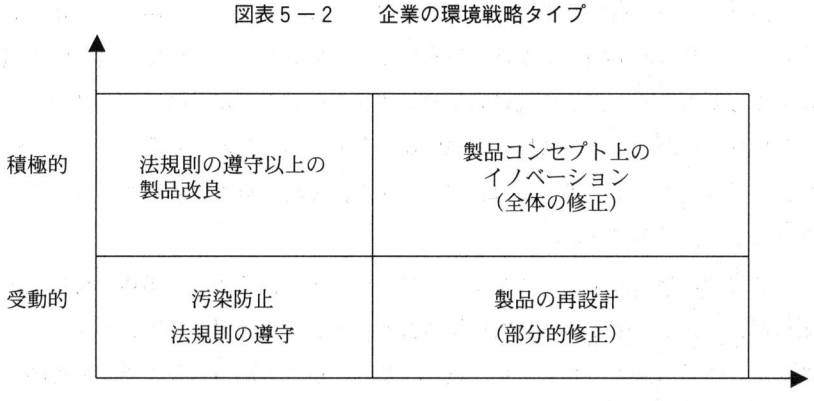

図表5－2　企業の環境戦略タイプ

積極的	法規則の遵守以上の製品改良	製品コンセプト上のイノベーション（全体の修正）
受動的	汚染防止 法規則の遵守	製品の再設計（部分的修正）
	利益を生まない環境コスト 社会貢献 補助金に頼る 性能・品質の低下，価格の上昇 エンドオブパイプ的，対処療法的	利益の増大 ビジネスの対象，環境戦略 性能，価格，環境の3つを満たす製品 資源生産性を高める（省資源）

（出所）Lofthouse et al., Effective Ecodesign: Finding a Way Forward for Industry, *Proceeding of 6th International Product Development Management Conference*, p.719. から作成。

企業の環境戦略が積極的であり，かつ利益を生むような製品開発の例として，1970年のマスキー法に対する「ホンダ」のCVCCエンジンが挙げられる。リコーの環境保全活動も，経済的利益を同時に追求している。「リコー」は，利益を伴わない環境保全活動は環境経営として認めないという姿勢を採っている。というのは，かつて，リコーは業績が悪化したときに，環境経営を強化することによって業績を立て直した経緯があるからである。その製品開発例としては，省エネタイプの複写機がある。

　企業は倫理上，また法規則の下で，環境保全活動を行う義務がある。しかし，どの程度完璧に行ったら良いのか，そのための指針が必要である。その際，環境に対する効率性が一指針となりえる。

　企業は「アウトプットとインプットにおいて最大の効率」が求められる。これまでは経済的効率の面からしか，その効率を考慮してこなかった。すなわち，「自由財」である自然環境に対しては適用してこなかったのである。しかし，今日では企業は経済的な効率性を追求するだけでなく，環境面での効率性も追求する必要がある。自然環境に対する効率性の最適な点が，図表5－3のように限界費用・限界汚染と環境の質の関係から導き出される。企業は，自社の環境保全活動を評価する場合，限界環境負荷を，環境負荷の限界回避コストと比較することが重要である。

　環境負荷は物質およびエネルギー・フローから把握できる。環境負荷は，企業の経営活動から生じる内因的環境負荷と，消費者が使用する際に生ずる外因的環境負荷とに分けられる。車を例にとると，最大の環境負荷はその使用時に生ずる。家電製品も同様であり，製造工程でのCO_2排出量は10％で，製品使用時のCO_2排出量は90％である。製品のライフサイクル・アセスメント（LCA）は，内因的環境負荷と外因的環境負荷の双方を含む。したがって，製品の環境負荷をLCAで評価することが，非常に重要になってきている。

　近年，図表5－4で示されるように，情報技術を活用して，環境に配慮した製品開発が行われている。まず，製品開発プロセス自体に３Ｄ ＣＡＤ／ＣＡＭ，ＣＡＥなどの情報技術を使用して，開発を効率的に行い，かつ省資源化する。

第5章　社会環境問題と製品開発

図表5－3　限界費用・限界汚染と環境の質

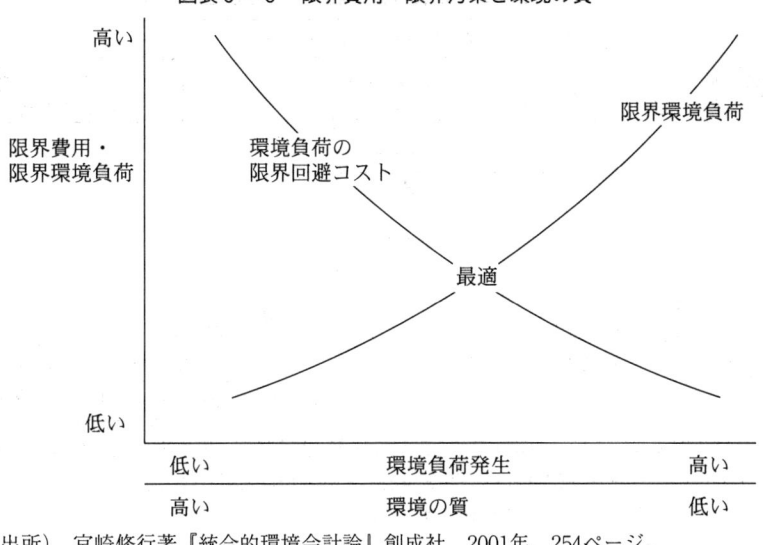

(縦軸) 限界費用・限界環境負荷　高い／低い
(横軸上) 低い　環境負荷発生　高い
(横軸下) 高い　環境の質　低い

曲線ラベル：限界環境負荷、環境負荷の限界回避コスト、最適

（出所）　宮崎修行著『統合的環境会計論』創成社，2001年，254ページ。

図表5－4　情報技術を活用した環境に配慮した製品開発

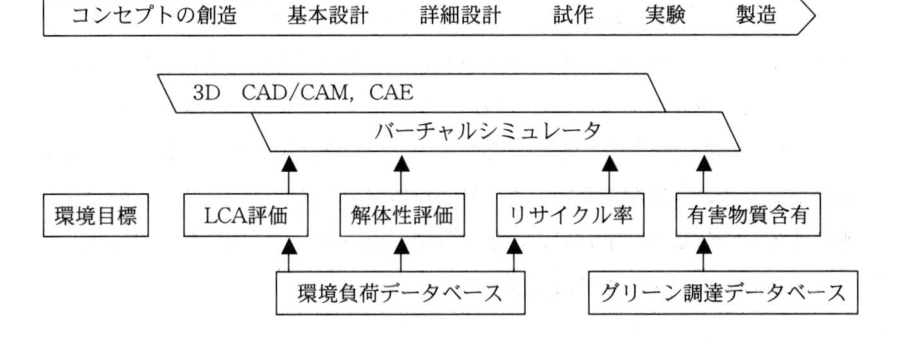

| コンセプトの創造 | 基本設計 | 詳細設計 | 試作 | 実験 | 製造 |

3D　CAD/CAM, CAE
バーチャルシミュレータ

| 環境目標 | LCA評価 | 解体性評価 | リサイクル率 | 有害物質含有 |

環境負荷データベース　　グリーン調達データベース

　そして，製品設計時に，「環境（保護）目標」を導入し，その目標を達成するために，「LCA評価」や「解体性評価」を行い，「リサイクル率」を決定し，「有害物質含有」をなくすような部品調達を行う。データの検索には「環境負荷データベース」や「グリーン調達データベース」が活用される。
　図表5－5は，情報技術を活用した企業の環境経営を表している。環境保全に関係する各部門がイントラネットでつながり，各種データを入力し，また探

図表5-5　情報技術を活用した環境経営

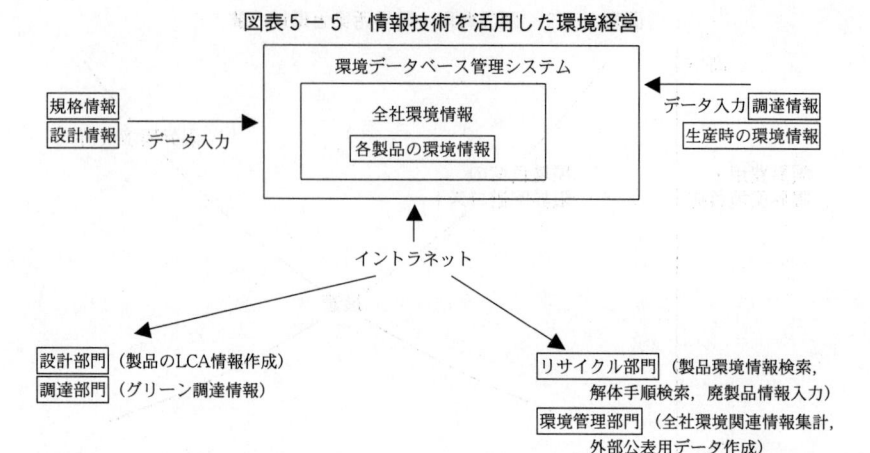

```
                    環境データベース管理システム
   規格情報                全社環境情報              データ入力  調達情報
   設計情報   データ入力    各製品の環境情報                    生産時の環境情報
                              ↑
                          イントラネット
                    ↙                    ↘
   設計部門 （製品のLCA情報作成）    リサイクル部門（製品環境情報検索，
   調達部門 （グリーン調達情報）                  解体手順検索，廃製品情報入力）
                                   環境管理部門（全社環境関連情報集計，
                                              外部公表用データ作成）
```

(出所)　図表5-4および図表5-5は，2002年9月，ウ・タント国際会議場で行われた国際シンポジウム「ITと環境」での古河剛志「ITを活用したエコデザインのターゲット」の講演資料より作成。

索しながら環境目標を達成するようになっている。

　たとえば，IBMは製造工程や製品の開発にIPD (Integrated Product Development：以下IPDと略す) ガイドという製品開発設計支援システムを使用している。環境配慮の要求はこのIPDツールの中に完全に組み込まれており，製造工程や製品開発を行うときには必ずこのツールを活用して，それに沿って環境配慮をしなければならない。IBMの環境マネジメント・システムの一部を形成するこの体制は，IBMの環境方針や環境規定などに明記されており，開発技術者から取引先にまで徹底されている。

3　環境目標の達成

　製品開発における「環境目標」の達成には，図表5-4に示されているように，「LCA評価」「解体性評価」「リサイクル率」「有害物質含有」が緊密に関わってくる。以下では，「環境目標」の設定と，それに関係する各項目について検討していく。

第5章　社会環境問題と製品開発

(1) **環 境 目 標**

　企業は，製品開発を行う上で，まず達成すべき環境保護目標を設定しなければならない。単に法基準を遵守するという受動的な目標設定から，独自で設定した，より高次の自主基準まで，様々な環境目標がある。

　環境にやさしい企業というブランド作りに成功している企業として，ＩＢＭやトヨタが挙げられる。2002年に，日経ＢＰがビジネスマンと消費者を対象に行った調査では，トヨタが「環境への取り組みが評価できる企業」の１位に選ばれた。トヨタの環境目標を見ると，法基準よりも一歩進んだ独自の達成基準を設定している。

　たとえばトヨタは，新型車・フルモデルチェンジ車に対して，「燃費の向上」「排出ガスの低減」「車外騒音の低減」「エアコンの省冷媒化」「環境負荷物質の低減」「リサイクル性の向上」の６項目で環境目標を設定している。最初の３項目の自主基準とその達成状況は，以下の通りである。

① 「燃費の向上」：2005年を目標に「2010年燃費基準」を全重量クラスで先行達成する。2001年度は新型車・フルモデルチェンジ車16車種中，11車種が2010年新燃費基準をクリアしている。

② 「排出ガスの低減」：道路運送車両の保安基準で規定された排出ガス規制，低排出ガス車認定制度，七都県市への対応車両に対し，自主基準値を定めて対応する。七都県市低公害車指定制度に，累計で256型式が認定された。図表５－６のように，低排出ガス規制レベルに対応した型式数は1999年から急激に増加している。

③ 「車外騒音の低減」：道路運送車両の保安基準で規定された自動車騒音の許容値から定めた自主基準値に対し，適合させる。

　　トヨタは，自主基準値に対する全車両の適合を目標に継続的な改良に取り組んでいる。乗用車は既に目標を達成しており，モデルチェンジ車・新型車について適合させている。商用車は，車両構造上，乗用車と比較すると騒音低減が難しい。しかし，トヨタは図表５－７のように，規制値より厳格な自主基準値の達成に向けて，着実に努力を重ねている。

図表５－６　ガソリン車低排出ガス規制レベル対応型式数の推移

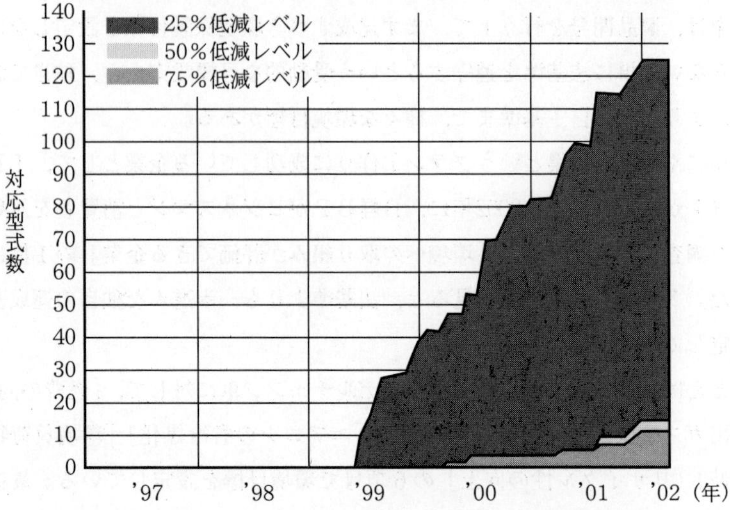
25％低減レベル
50％低減レベル
75％低減レベル
対応型式数
140
130
120
110
100
90
80
70
60
50
40
30
20
10
0
'97
'98
'99
'00
'01
'02（年）

（出所）　http://www.toyota.co.jp/company/eco/index.html

図表５－７　小型商用車の加速走行騒音の推移

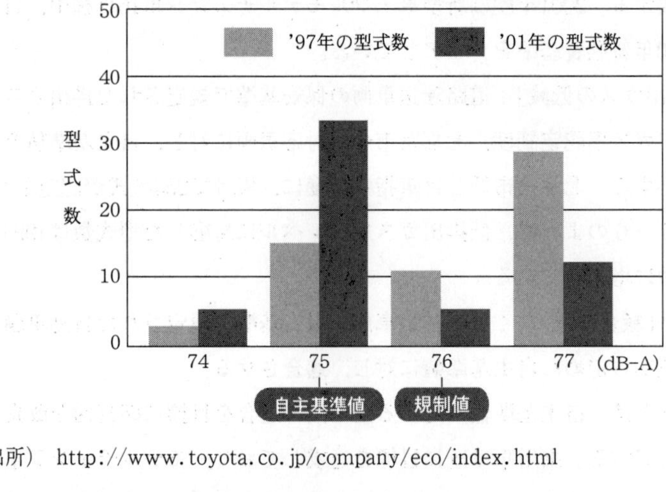
'97年の型式数
'01年の型式数
型式数
50
40
30
20
10
0
74
75
76
77
(dB-A)
自主基準値
規制値

（出所）　http://www.toyota.co.jp/company/eco/index.html

(2)　ライフサイクル・アセスメント（ＬＣＡ）

ＬＣＡ手法は，以下の６つの段階に沿って行われる[7)]。

第5章 社会環境問題と製品開発

① 対象となる製品やサービスの定義。ＬＣＡの目的，目標の確認。報告対象者の明確化。
② インベントリー分析：対象となる製品やサービスに投入される資源やエネルギー，排出物のデータを収集して，環境負荷項目に関する入出明細票を作成する（例：トヨタ車の環境データ[8]）。
③ インパクト評価：温暖化係数やオゾン層破壊係数等を導入して，環境負荷の程度を定量化する。そのデータをもとに，自然環境に与える影響を分析し評価する。

　(ア) 結果の解釈：環境への影響に対する評価を基にして，総合的に解釈し，対象となる製品やサービスのＬＣＡを実施した目的に対応させて結果を出す。環境保護活動は，この結果に対応させた行動となる。
　(イ) 報告：ＬＣＡの報告対象者にこの調査結果を提示する。第三者には，ＩＳＯ14040の規定に従って報告する。
　(ウ) クリティカル・レビュー：ＬＣＡ手法がＩＳＯ14040の規定に沿って行われているか，また科学的なものかを，企業内部，独立専門家，外部ステークホルダーが検討し保証する。

トヨタのＬＣＡへの取り組みは，図表５－８に示されているように，1997年以降，本格化してきた。

図表５－８　トヨタのＬＣＡへの取り組み

年	1997年	1998年	1999年	2000年	2001年～
				◆ISO14040シリーズ (LCA) 規格化完了	
LCA社内検討会設置					LCA分科会 環境部と生産・開発設計部署で構成
活動方針	LCA社内体制を整備し，製品開発への情報提供を開始する				●開発プロセスでのLCA活用推進 ●環境情報開示の充実
活動計画 手法検討	●バンパー ●ボディ	評価手法確立 ●プリウス ●カローラ	社内データベース 評価ソフト整備 ●RAV 4 ●RAV 4 EV	社内展開 ●エスティマHV.ES[3] ●樹脂部品リサイクル	
部品LCAワーキンググループ（1999/4～）					
自工会LCA分科会　Car　LCAプロジェクト（1997/10-2001/3）					
経済産業省LCAプロジェクト（1998/10-2002）					

（出所）http://www.toyota.co.jp/company/eco/index.html

LCAの実施時期は，様々であるが，製品開発の初期段階で行う方が，環境負荷の低減に効果的である。トヨタは，「プレミオ」「アリオン」の開発最終段階でLCAを実施したが，従来の車と比較して，環境負荷の低減効果を確認するにとどまっている。しかし，製品開発の初期段階にある車では，LCAの手法を用いた事前評価を実施し，その結果を生産から廃棄に至るまで環境パフォーマンス向上に活用することができた。

　ひとつの製品が環境に与える全影響を，その製品のライフサイクルの面から考慮してデザインするアプローチを，エコデザインと言う[9]。エコデザインは，製品開発プロセスで実施されるが，設計に柔軟性のある非常に初期の段階で導入されると，効率的である。製品の設計やコストの約80％が開発段階の初期で決定され，それ以降の設計変更は限定されてしまうからである[10]。

　企業は，エコデザインを導入して，製品のリユース，リサイクル，熱回収によって環境への負荷を最小限にする循環型社会を目指さなければならない。また，自社製品の再利用だけでなく，他企業の廃棄物をも自社で資源として活用することも考えられる。資源をある用途に使用した後に，別会社で異なる用途に次々に再利用していく[11]ならば，真の循環型社会になるであろう。

　製品の環境負荷を低減し，環境配慮型製品を開発した例として，ＩＢＭ[12]のノート・パソコンThinkPad T30が挙げられる。ＩＢＭは，1998年に米国で5つの表彰を受けた ThinkPad の消費電力制御方式をさらに発展させて，携帯時での究極の省エネルギー設計を実現させた。ThinkPad では，携帯時のバッテリーの使用時間を最大限に延ばすため，ＣＰＵやディスクなどが使用されていないわずかな空き時間を探し，こまめに省電力モードに切り替える設計を積み重ねてきた。その結果，ＣＰＵにPentium R 4 を搭載したノート・パソコンT30は標準バッテリーで2.5時間，オプション・バッテリーとウルトラベイ・バッテリーを組み合わせると最高4.5時間の継続使用が可能となった。エネルギー消費効率は，業界最高水準である。

　ＩＢＭは，現在使用している材料が環境に影響があると懸念された場合，環境に対して，より好ましい材料に置き換えることも，環境配慮設計の目標にし

ている。例として，電子部品に使用されている鉛や，カバーの鋼板に使用されている六価クロムの削減努力が挙げられる。鉛は，IT関連機器で主に電子部品をプリント配線板にハンダ付けするのに使われる。現在，製品廃棄が加速された結果，鉛含有製品の埋め立てが増加し，地下水汚染のリスクが懸念されているからである[13]。

(3) 解体性評価

製品の解体時間が短縮されると，リサイクル活動が効率的になる。そのため，製品の設計時に解体性の評価を行い，解体の容易な設計へ変更することが必要となる。

松下電器グループの場合，10～15年前のテレビには，プリント盤配線が複雑かつ大量に入っており，解体に時間がかかった。80年代までの商品は，材料の法基準は遵守していたものの，環境には無配慮であった。しかし，90年代から，松下は環境配慮型テレビの設計を目指して，解体時間を測定しながら設計したり，またはユニット化設計を推進してきた。その結果，解体時間を140秒から78秒に短縮できた。21型スタンダードテレビの環境配慮設計では，シャーシを軽量化（5→2.2kg）し，回路基板部の構造でも，基板の枚数（17→5枚）や，電線の本数（約120→37本）を簡素化している。また，CADの活用や中空成形技術の活用により，ブラウン管の取り付け部分の部品をなくし，直接，キャビネットに取り付けるようになった[14]。

(4) リサイクル率

企業は，環境保全のために，製品の開発・生産・使用・廃棄の各段階で，廃棄物を極力減らし，再利用できるものは可能な限りリサイクルする必要がある。リサイクルを効果的に行うためには，設計段階から回収を考慮に入れて製品開発をする必要がある。企業は，製品開発時に必要最小限の材料，リサイクルしやすい材料，寿命がきた部分だけを交換できる製品構造，あるユニットだけを交換すれば修繕できる構造等を考慮すべきである。しかし，軽量化（金属を樹

脂化する等）とリサイクル性の向上とは，トレードオフの関係になるという問題もある。自動車の場合，環境への負荷は，製品そのものよりも，その使用時に多く発生する。したがって，リサイクルの容易さだけから材料を選ぶのではなく，燃費を高めるために，アルミやカーボン・ファイバー等の特定の材料を選択することにも意義があると思われる。

わが国の自動車の再資源化は，重量比75～80％であり，産業廃棄物平均の約40％より高い[15]。トヨタの車の開発，生産，使用，廃棄におけるリサイクル活動は，図表5－9のようになっており，各段階から設計部門へリサイクル技術情報のフィードバックが行われている。

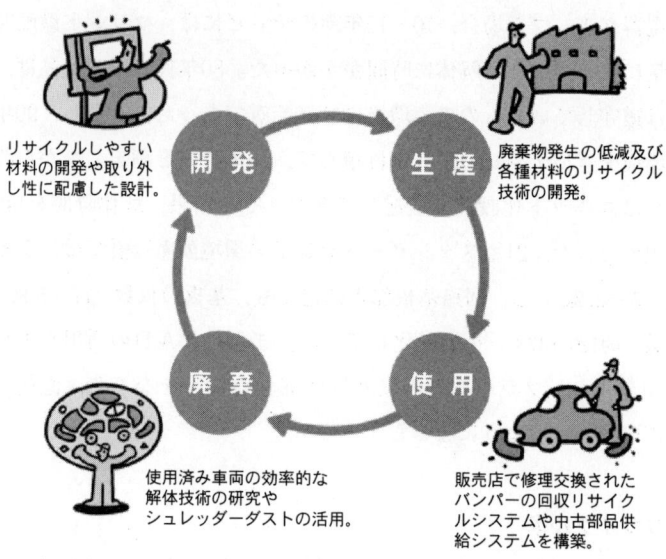

図表5－9　トヨタのリサイクル活動

開発：リサイクルしやすい材料の開発や取り外し性に配慮した設計。

生産：廃棄物発生の低減及び各種材料のリサイクル技術の開発。

使用：販売店で修理交換されたバンパーの回収リサイクルシステムや中古部品供給システムを構築。

廃棄：使用済み車両の効率的な解体技術の研究やシュレッダーダストの活用。

（出所）http://toyota.co.jp/environment/recycle/index.html

トヨタの新型「アリオン」に採用されたリサイクルに配慮した材料，およびリサイクル材は，図表5－10のようになっている。

第5章　社会環境問題と製品開発

figure 5-10　トヨタ車「アリオン」のリサイクルに配慮した材料とリサイクル材

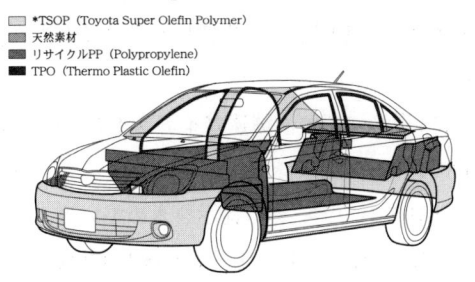

　　□ *TSOP (Toyota Super Olefin Polymer)
　　□ 天然素材
　　□ リサイクルPP (Polypropylene)
　　■ TPO (Thermo Plastic Olefin)

＊TSOP：再利用を繰り返しても劣化しにくいことが特長。トヨタが開発したリサイクル性にすぐれた樹脂。

（出所）　http://www.toyota.co.jp/company/eco/index.html

(5) 有害物質含有

　製品の有害物質含有を避けることは，企業の環境目標の1つに挙げられよう。これを実現するためには，原材料を調達する際，有害物質が含まれていないことを確認する必要がある。

　近年，多くの企業が，有害物質を含まない部品を製造する会社に限定して取引をする，「グリーン調達」が行われている。特に自動車メーカーでは，車の付加価値の約60～70%が，サプライヤーの部品によって占められるため，環境保全のために「グリーン調達」が重要になってくる。

　近年，ソニー，キヤノン，パイオニアが外部調達する部材に関して，鉛やカドミウムなどの有害物質が含まれていないかどうか，厳しく検査するようになった。その主たる理由は，EUで2006年から発効する「電気・電子機器に関するEU指令」により，有害物質を含んだ製品をEUに輸出できなくなるためである。現在，その発効時期を先取りして実行に移している国も出てきており，日本企業がそれに対応せざるを得なくなったのである[16]。このケースは，日本よりもEUの方が，有害物質に対する規制が厳格であることを表している。

　IBMの国際物流部門は，1990年に「環境配慮包装ガイドライン」を発行し，定期的に改定している。このガイドラインはIBMの包装に対して，オゾン層破壊物質，重金属，PBB/PBBOの使用禁止を定めている。またこのガイド

141

ラインでは，包装材料に含有される毒性物質を最小限にし，包装材を削減する方法・プロセス・デザインを明示し，再使用やリサイクル材の使用を促進することも定めている[17]。

トヨタは仕入先に「環境に関する調達ガイドライン」を提示しており，(1)2003年までにＩＳＯ14001外部認証取得に向けて自主的に取り組むことと，(2)環境負荷物質の管理とトヨタへのデータの提示を求めている。

トヨタの対象仕入先473社のうち，ＩＳＯ14001の外部認証取得累計は，2001年度，図表5－11のように369社に増加した。将来，企業にとって「ＩＳＯ14001」の認証取得は当然のこととなり，「環境に配慮した製品」から「環境を前提とした製品」を製造，販売しなければならなくなるであろう。

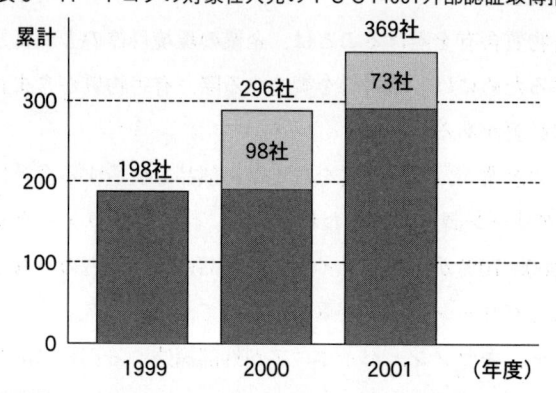

図表5－11　トヨタの対象仕入先のＩＳＯ14001外部認証取得推移

（出所）http://www.toyota.co.jp/company/eco/index.html

本章では，企業の環境政策を考察した。企業は，環境目標を設定し，製品のライフサイクル・アセスメント（ＬＣＡ）や解体性評価を行い，製品のリサイクル率や有害物質含有に留意しなければならない。

新しい傾向として，情報技術を活用して，環境に配慮した製品開発が行われていること，そして，総合的に情報技術を活用した企業の環境経営が行われていることを見てきた。環境目標を達成するには，社内の設計，生産，調達部門だけではなく，取引業者や解体業者，さらには製品のユーザーの行動まで密接

第5章　社会環境問題と製品開発

に関連してくる。

（注）

1）　所伸之「環境経営－協調と競争の戦略」環境経営学会編，サスティナブルマネジメント第2巻第2号，79～91ページ。
2）　小林陽太郎「私の環境経営論」環境経営学会編，サスティナブルマネジメント第2巻第2号，9ページ。
3）　豊澄智己「環境配慮型製品に関する研究」環境経営学会編，サスティナブルマネジメント第2巻第2号，123～136ページ。
4）　グリーン税制：わが国には，2001年4月施行の「低燃費車・低公害車の普及促進税制」に基づく税制優遇措置がある。2010年燃費基準を達成すると同時に，国土交通省の「低排出ガス認定制度」に適合したクルマの購入者は，自動車取得税の減額と自動車税の軽減を受けることができる。
　　　トヨタ単に適用されるグリーン税制

車両クラス	1.5L・1.8L	2.0L
達成レベル	2010年燃費基準＋超・低排出ガスレベル※1	2010年燃費基準＋良・低排出ガスレベル※2
自動車取得税	15,000円減額	15,000円減額
自動車税	50％軽減	13％軽減
2010年度販売台数※3	30,818 (87％)	4,780 (13％)

　　※1　平成12年基準排出ガス75％低減レベル。
　　※2　平成12年基準排出ガス25％低減レベル。
　　※3　2001年12月～2002年3月。
　　　　（　）内は一部ウェルキャブ（福祉車両）を除き全販売台数に占める割合

5）　宮崎修行『統合的環境会計論』創成社，2001年，276ページ。
6）　同上書，279ページ。
7）　宮崎修行，前掲書，574～578ページ。

8) 2000年度［国内向け乗用車］新型車・モデルチェンジ車の主要環境データ

仕様	車名		ソアラ	WiLL VS	イプサム
	型式		UA-UZZ40	TA-ZZE127	TA-ACM21W
	エンジン		3UZ-FE	1ZZ-FE	2AZ-FE
	変速機		5AT	4AT	4AT
販売開始時期			2001年4月	2001年4月	2001年5月
オゾン層破壊物質	CFC12［エアコン冷媒］		使用せず	使用せず	使用せず
温室効果ガス	HFC134-a［エアコン冷媒］使用量（g）		700	530	800
	CO_2(g／km)〔10・15モード〕		277	157	197
燃費（km／L）	10・15モード走行（国土交通省審査値）		8.5	15.0	12.0
車外騒音（加速走行）(dB-A)	適合規制値		76	76	76
	諸元値		75	75	75
排出ガス	良-低排出ガスレベル		・・・	○	○
	優-低排出ガスレベル				
	超-低排出ガスレベル		○		
部品に使用している環境負荷物質	鉛（'96年比）		使用(1/3以下)	使用(1/3以下)	使用(1/3以下)
	水銀（照明用放電管）		極微量	極微量	極微量
	カドミウム（電子制御部品）		極微量	極微量	極微量
	アジ化ナトリウム		使用せず	使用せず	使用せず
リサイクル関係	リサイクルしやすい材料を使用した部品（TSOP）		バンパー，内外装材	バンパー，内装材	バンパー，内装材
	天然素材		ドアトリム基材，クォータートリム基材，ロア基材	・・・	・・・
	リサイクルPP使用		○	○	○
	シュレッダーダストをリサイクルした防音材（RSPP）		・・・	・・・	・・・

9) Dewberry and Goggin, Spaceship Ecodesign, *Co-Design,* 1996, pp.12-17.
10) Lofthouse et al., Effective Ecodesign: Finding a Way Forward for Industry, *Proceeding of 6th International Product Development Management Conference,* 1999, p.721.
11) Sirkin, T. and Houten, M.T. The Cascade Chain, *Resources, Conservation and Recycling,* 1994.
　　R. Roy and R.C. Whelan, Successful Recycling Through Value-Chain Collaboration, *Long Range Planning,* 1992.
12) 日本IBMは，企業の環境への取り組みに関して，2003年2月にトーマツ審査評価機構から最高評価の「AAA」を獲得した。これは，環境分野の情報公開，温暖化対

第5章　社会環境問題と製品開発

策,土壌汚染対策,グループ企業の管理等の7項目での総合評価の結果である(日本経済新聞2003年2月20日付)。

　プロダクト・デザインの分野では,第10回ヨーロッパ技術イベントにおいて,IBMのトータル・ソリューションとしてのエネルギー効率化の功績が認められSustainable Development Neurone Award(持続可能な開発ニューロン賞)を受賞した。IBM製品のオペレーション・モードとスタンバイ・モードでの顕著な省エネルギー技術が認められたためである。

　IBMは2001年度エネルギースターExcellence in Corporate Commitment(企業活動優秀賞)を受賞した。「企業活動優秀賞」は,省エネルギー型製品・サービスの開発と,省エネルギー型業務実施の両面で,優れた実績をあげた企業に贈られる。

13)　http://www-6.ibm.com/jp/company/environment/2002/seihin.html
14)　上田稔「松下電器グループの家電リサイクルへの取り組み」環境経営学会編,サスティナブルマネジメント第2巻第2号,31〜51ページ。
15)　日本政策投資銀行「調査　使用済み自動車リサイクルを巡る展望と課題」No.36,2002年3月,2ページ。
16)　日本経済新聞,2003年3月24日付。
17)　http://www-6.ibm.com/company/environment/2002/seihin.html

第 6 章

自動車メーカーとサプライヤーの取引関係の変遷と今後の展望
－製品開発を中心として－

1　はじめに

　これまで，日本の自動車メーカーは，製品開発のリードタイム，製品の品質やコストなどの面で，国際競争力を維持してきた。特に「下請システム」は，製品開発時に有効に機能してきた。日本の自動車メーカーは系列内の部品メーカーと継続的な取引を行うことによって，取引費用を節減することができたし，部品メーカー側は，系列内の中核企業のために，関係特殊的な投資をほとんどリスクを負担せずに行うことができた。さらに，自動車メーカーと部品メーカーは，開発の情報を緊密に交換し合い，調整することによって，開発期間を短縮し，開発費を削減できた。一方，製品開発のエンジニアは，日本企業の慣習によって，製造現場など種々の部署でキャリアを積む。このことが，製品開発チームと製造現場とのコミュニケーションをスムーズにして，種々の工程をオーバーラップさせて開発を行う「コンカレント・エンジニアリング」を促進させる要因となった。このように，日本の企業は，組織メンバー間では「情報共有型」をとり，組織メンバー自身は，特定の職場でのみ有用な「文脈的技能」を身に付ける[1]。同様に系列内の企業も，企業特殊的，関係特殊的な技能を蓄積し，設備投資を行い，企業間での情報共有を重んじてきた。

　これに対して，1980年代後半より，欧米の自動車メーカーは，日本の製品開発方式を導入して，国際競争力を高めようとしてきた。しかし，欧米の企業シ

ステムは日本のものと異なっているため，欧米の自動車メーカーは日本の製品開発方式をそのまま完全な形で導入することは不可能であった。欧米企業は，一般的に組織メンバー間で「情報分散型」をとる。組織メンバーは，特定の職場を越えて有用な専門知識を持ち，「機能的技能」[2]を身に付ける。また欧米の企業内では個人主義が，企業間では自律性や独立性が尊重されている。したがって，欧米の自動車メーカーは，日本のような閉鎖的ではあるが系列内部の情報共有度の高い下請システムを構築するよりも，世界中から低価格で品質の良い最適な部品を調達する方が，彼らの企業を構築している制度とも補完性があり，うまく機能すると思われる。

このように，ある国の比較優位のある企業システムを他の国に導入する際，「制度間の相互補完性」が重要であると思われる。産業の発展段階において，組織でもなく市場でもなく中間組織である系列システムは経済合理性を持っていたため，日本の自動車産業は比較優位を持つ産業となることができたのであろう。その他にも，日本企業の終身雇用を土台とした人事異動，製品開発で必要とされる部署間の高い情報の共有度，デザイン・イン，年功序列に基づいた集団主義，企業間のコーディネーションが必要な下請システム，長期取引慣行等は，制度間のインターフェースがうまく整合し，制度的に相互補完的な関係が多くの面であるために，製品開発期間の短縮化や製品の品質の向上，コスト削減においてうまく機能してきたと思われる。

しかし，比較優位を持つ企業システムも，企業環境に左右されるものであり，永久的に比較優位が継続することはありえない。日本の企業システムは制度間で相互補完性があり，効率的なシステムである。しかし，このような制度の集合体は，企業システムとして定着してしまうと，外部環境が変化して環境と制度の間に整合性がなくなっても，ある程度慣性を伴って，そのまま維持される傾向にある。そして，その産業の比較優位が徐々に減少していく過程で，ついに制度の変革が行われることになるであろう。しかし，その変革しようとする制度は，企業システムを構成する他の制度と相互補完的であるため，ひとつの制度を改革すると他の制度もそれに整合するような制度に変革せざるを得なく

第6章　自動車メーカーとサプライヤーの取引関係の変遷と今後の展望

なると思われる[3]。

　現在，自動車産業の企業環境は，「ＩＴ革命」，「部品のモジュール化」などの要因によって，大きく変化しつつある。これまで系列内で行われてきた閉鎖的な部品調達システムや製品開発も，今後も比較優位を持つとは限らない。たとえば，ＩＴ革命によって，系列を越えた情報共有が，ほとんど取引コストなしで実現されつつある。このようなネット時代には，多くの企業に普遍的で，汎用性のある専門知識が必要となる。これは，日本企業を「情報分散型組織」へと変革させ，組織メンバーに機能的技能を身につけさせる促進要因となろう。そして，ひとつの制度が変わると，他の補完的に機能してきた制度も変化せざるをえないのである。

　本章では，最初に欧米の自動車メーカーが日本の自動車メーカーの製品開発方式を学習する過程を検討し，次に製品開発における自動車メーカーと部品メーカーの取引関係の国際比較を行い，最後に，今後，欧米と日本の自動車メーカーの製品開発方式がどのように変遷していくのか考察する。

2　欧米の自動車メーカーによる日本の製品開発方式の学習

　日本では，自動車メーカーと系列部品メーカーとの緊密な信頼関係が，開発リードタイムや開発コストを削減し，かつ，製品の品質を向上させるのにも貢献している。欧米でも，自動車メーカーが部品の設計と製造をアウトソーシングするのに伴い，部品メーカーがパートナーとして，新製品開発に参加するようになった。これは，「日本型パートナーシップの普及」でもある。リーンというパラダイムは，生産だけではなく，製品開発の複雑さを低減させ，開発期間を短縮するために，設計をアウトソーシングすることにも適用できよう。以下では，欧米の自動車メーカーが製品開発を「ジャパナイゼーション」する過程を考察する。

(1) クライスラー

　クライスラーは，これまで日本の開発方式を学習し，自社の製品開発プロセスを改善してきた。クライスラーは「ネオン」の前の「LH」の開発で，三菱自工から開発方式を学び，それを1994年1月に発売された「ネオン」の開発に生かすことができた。「ネオン」の開発期間は31ヶ月，投資額は13億ドルであった。GMの「サターン」の開発期間が7年であったのと比較すると，「ネオン」の開発は，非常に短期間で行われている。「ネオン」では，製造部門が開発に早期から参加して，効率的な提案を行った。以前は，量産開始の22週前まで，生産担当の従業員と開発との接触はなかった。その結果，生産しにくい設計に対しても，製造側は開発にやり直しを依頼できなかった[4]。

　1980年代後半より，クライスラーは，「プラットフォーム・チーム方式」を取り入れて製品開発を行うようになっていた。この方式は，デザインから引き渡しまでの全工程を，そのプラットフォーム・チームが責任を負うのである[5]。91年に完成したデトロイト郊外の新技術センターでは，チームメンバーは，全て歩いて5分以内のところに机を置き，コミュニケーションを大切にしている[6]。

　クライスラーは，サプライヤーとのパートナーシップも導入している。「スコア」(SCORE:Supplier Cost Reduction Effort) プログラムは，サプライヤーが調達，ロジスティックス，在庫面でコストを改善するのを，クライスラーが援助するために設けられた[7]。

　アメリカ側は，日本の閉鎖的な取引慣行を非難してきたが，クライスラーは上記のように日本の企業システムを一部模倣し，開発初期から部品メーカーや社内の機能横断的な部署を巻き込んだ結果，より早く，低コストで新型車を開発することに成功した。

　一方，クライスラーとの合併相手となったベンツは，1993年，「タンデム」(Tandem) と呼ばれるサプライヤー開発プログラムを導入した。「タンデム」とは，オートバイなどの二人乗りを意味する。ここから転じてベンツでは，サプライヤーとの協力で，供給プロセスをより効率的にし，情報の共有化をはかり，

第6章　自動車メーカーとサプライヤーの取引関係の変遷と今後の展望

品質を改善することを意味している。「タンデム」プロジェクトによって，サプライヤーが早期から開発に協力する体制が構築された。

　合併後のダイムラークライスラーの下では，サプライヤーは，ビジネス関係を維持するために，大西洋を越えて合弁企業を作る必要性を感じた。ダイムラー・ベンツとクライスラーのサプライヤーのトップ25社のうち，9社だけが共通のサプライヤーであった。その中には，Bosch（エンジン管理），Lear（シート），Magna（スタンピング），Siemens（エレクトロニクス），MichelinとGoodyear（タイヤ）が含まれている。これまで，ダイムラー・ベンツは，イノベーションを生み出すサプライヤーに高額な支払いをしてきた。というのは，その部品を大量に発注することが不可能だったからである。サプライヤーは，開発にかかった投資を回収するために，他の自動車メーカーにその技術を売却せざるを得なかった[8]。

　サプライヤーに，革新的な技術を用いた部品を納入してもらうためには，欧米の自動車メーカーには，ある一定規模の生産台数が必要である。なぜならば，独立した部品メーカーにとって，「利益」が第一の取引条件であり，日本の系列取引のように，サプライヤーが短期的には損をしても，長期取引慣行の中で減価償却をしたり，利益を得ようとするのではないからである。

(2)　フィアット[9]

　フィアットでは，80年代末より，部品の納入方法および納入の管理が大きく変化した。販売台数の多いフィアットの「プント」の場合，生産コストの約72％をアウトソーシングしている。このようなアウトソーシングの増大はごく最近のことであり，それは部品の全システムの設計まで拡大してきた。フィアットのアウトソーシング政策には，次のような2局面がある。

　①最初の局面は，供給の基礎を打ち立てようとした，80年代後半から90年代の初めにかけてである。フィアットは，部品の品質と生産コストの面で競争力のあるサプライヤーを育成しようとした。サプライヤーは，フィアットから経営上の支援を受けて，長期契約を結び，供給量を漸次増加させていくように取

り決められた。それと交換に，サプライヤーは，品質やコスト面での改善スケジュールを守らなければならなかった。

②次の局面は90年代中頃であり，フィアットはサプライヤーと戦略的パートナーシップを構築して，相互補完的な能力を開発させ，部品の設計をアウトソーシングしようとした。この時期の最終的な目標は，完全なシステム部品をアウトソーシングすることであった。21世紀の方向性は，サブアセンブルしたモジュール部品をアウトソーシングすることである。

フィアットは，イタリアでの市場シェアの縮小（1970年の市場シェアは73.6%，1990年は58.5%，1998年は42.3%）に対応し，グローバルな競争に素早く対処するには，組立工場とサプライヤーとの関係を変革する必要がある。フィアットは，サプライヤーに自律的に，全サブシステムを開発させ，多様なモデルのもとでリーダーシップを発揮し，「システム・インテグレーター」になるのが戦略上のゴールである。そうすれば，フィアットは新車のスタイルを決定してから発売までの開発リードタイムを短縮できる。近年，エレクトロニクスや新素材などの新技術開発は目覚しく，フィアットは，これらを内製部品として管理するのは，もはや困難である。フィアットは，ディーゼル・エンジンに関連するパワートレインの仕事も効率性の理由から，サプライヤーに委ねている。

2006年までに，フィアットは9つのサブシステム（エア・コンディショニング，ブレーキ・システム，パワートレイン，音響，排気システム，ステアリング・システム，パッシブな安全システム，エレクトリック・システム，インテリア）の完全なアウトソーシングを計画した。フィアットは，コア・コンピタンスであるエンジンやシャシーについては内製している。これらは，多様なモデルを開発する際，製品プラットフォームの基礎となる。この戦略の一例として，フィアットの多くの小型車に共通なエンジンの開発や，新しいフィアットMultiplaのシャシーの基盤（スペース・フレーム・プロジェクト）の開発がある。

アウトソーシングに基づいた新製品開発によって，品質，コスト，リードタイムが改善され，1999年7月に市場に投入された新フィアット・プントは，スタイルが決定してから発売まで24か月ですんだ。フィアットは，サプライヤー

第6章　自動車メーカーとサプライヤーの取引関係の変遷と今後の展望

を早期に開発に参加させ，ブラックボックス部品を納入させてはいるが，サブシステムの統合や品質が改善され，リードタイムが短縮された。フィアットは，将来，モジュール部品を統合し，組み立てることをコア・ビジネスにする計画である。

(3) ルノーと日産

ルノーは，日本の製品開発方式を学習し，「デザイン・トゥ・コスト」(design to cost)（決められたコストで設計する），「プラトー・デュ・プロジェ」(plateau du projet)（プロジェクト・チームが一箇所に集まって製品開発をする所）をキーワードとして，開発をテクノセンターで行っている[10]。ルノーは，新型車開発期間を36か月に，既存プラットフォームを活用した新型車開発期間を24か月に短縮することを98年5月に達成している[11]。

日産は，1999年6月発売の「セドリック」の開発では，デザインが最終的に固まってから生産の立ち上げまで22.5か月，開発のスタートからは39.5か月かかった。「セドリック」のような高級車では，これが開発期間を短くする限界である。小型車の「ティーノ」では，デザイン決定から大量生産開始まで15か月ですんだ。全体的に見て，日本と欧米の自動車メーカーにおける新車開発期間の差が，縮小してきていると言えよう[12]。

ルノーは，現在ある乗用車のプラットフォームをスモール，ミドル，ラージの3種類に統合して，スケール・メリットを得る計画である。さらに，日産の「マーチ」とルノーの「クリオ」のスモールのプラットフォームを統一して，シナジー効果をあげている[13]。日産側では，製品ラインが多いわりには，一車種につき少量しか生産しておらず，それが低収益性の原因になっている。日産はそれを克服するために，最終的にはプラットフォームを10にする考えである[14]。

ルノーは，部品コスト削減のため，Synergie 500プログラムを導入し，サプライヤーに96-98年の3年間に，毎年約8％の部品コストの削減を要求した。ルノーは，一社集中購買の対象となる「オプティマ」サプライヤーを150社選定し，それによってコスト削減している。ヴァレオは，6品目でルノーから

「オプティマ」サプライヤーの指定を受けている[15]。ルノーは，部品の標準化もコスト削減のために推進している。2000年には，「ラグーナ」と「サフラン」のSandouville組立工場に6－7モジュールが調達されている[16]。

日本の自動車メーカーの製品開発プロセスは，欧米の自動車メーカーに影響を及ぼすだけでなく，反対に影響も受けている。それは，2000年度から変革された日産の開発組織の例に示されている。ルノーは，日産の開発プロジェクト・チームのマネジャーを，責任も権限も大きいマネジャーから小さいマネジャーに変えた。前の制度では，プロジェクト・マネジャーは，コスト意識を持たなければならず，それがデザイン重視から収益性重視のデザインにしてしまっているとルノーは考えたからである。日産には，魅力的なデザインの車が欠けているとルノー側は考えている。その結果，プロジェクト・マネジャーの役割を3人（PD, CPS, CVE）で分担することになった。

まず，PD（Program Director）は 商品力，商品の収益性，開発のまとめを行う。CPS（Chief Product Specialist）はこれまでの主管に近い役割であり，あるべき車の姿，形を追求するが，品質やコストの責任は負わない。CVE（Chief Vehicle Engineer）は，企画ではなくて開発だけを受け持ち，プラットフォームを中心に動く[17]。

このように，日本と欧米の企業が資本提携をすると，日本の製品開発を学習した欧米企業が，逆にジャパナイゼーションした開発方式と従来までの欧米の開発方式を混合した「ハイブリッド型」の欧米の開発方式を，日本企業に導入を強要するという複雑な関係が生じている。

3 製品開発における自動車メーカーと部品メーカーの取引関係の国際比較

欧米の自動車メーカーは日本の製品開発方式を学習したが，その結果生まれたものは，「クローン」ではなく，企業環境や自社の企業システムに適合した「ハイブリッドな製品開発方式」であった。以下では，主にイタリア，イギリス，

第6章　自動車メーカーとサプライヤーの取引関係の変遷と今後の展望

日本を例にとって，製品開発の国際比較をし，その差異を明らかにする。

(1) 自動車メーカーと部品メーカーの資本関係

　日本の自動車メーカーは，系列内の主要なサプライヤーに出資している。しかし，次第にそれも崩壊しつつある。日産には系列の部品メーカーを支援する体力はなく日産のリバイバルプランで，日産の系列解消が計画された。日産系列部品メーカーの日産依存率は非常に高いため，系列解消後，いかに多くの顧客を取り込むことができるかが，生き残りの鍵となろう[18]。日産と継続して取引できるのは，品質が高く，低価格な部品を，日産に追従してグローバルに供給できる一部メーカーに限られることになるであろう。

　海外の部品メーカーの大部分は，部品を供給する自動車メーカーとは資本関係がなく，独立メーカーである。アメリカでもビステオンやデルファイという大規模部品メーカーがフォードやGMから独立した。ヨーロッパの大規模部品メーカーは特に顧客を多様化させており，日本の系列部品メーカーのような一顧客への依存率が高い企業は少ない。

　イタリアを例に取り上げると，部品メーカーは2つのカテゴリーに分類される。ひとつは，少数の大規模部品メーカーであり，フィアットの子会社（Magneti MarelliとTeksid）であるか，またはフィアットへの依存率が大きい会社である。もうひとつは，約3,000の小規模部品メーカーであり，同様にフィアットに依存しているか，またはフィアットの主要なサプライヤーに依存している。日本の部品メーカーは，主要な顧客に売上の約61％を納入しているが，Magneti Marelliはフィアットの出資を受けているにもかかわらず，売上の約35％をフィアットに依存しているにすぎない。フィアットの一次部品メーカーの依存率は，それよりももっと少ない[19]。

　フィアットはこれまで内製してきた事業を売却して，アウトソーシングを増加させてきた。フィアットが内製してきた鋳造や金属加工に関してはTeksid社に，その他の自動車部品はMagneti Marelliに集約した。独立会社ではあるが，忠実なサプライヤー2社を設立することによって，サプライヤー自体，国際競

争力をつけることができるし,フィアットもグローバル戦略を行う際,支援を期待できるというメリットがある。

(2) サプライヤーの選択
（ⅰ） フィアット[20]

フィアットでは,以前,サプライヤーを製品の価格と品質で選択していたが,現在は,様々な基準で選択している。なぜなら,新車の大量生産に入る42か月前にサプライヤーが製品開発に参加するのであるが,その時に,サブシステムはまだ規定されておらず,当該部品の価格と品質は比較しようがないからである。フィアットは,「パートナーシップ」,「リスク共有」,「共同設計」をキーワードとして,サプライヤーと新しい関係を構築しており,特にサブシステム部品を納入するサプライヤーは,非常に初期の段階から開発に参加する。サプライヤーが大量生産の46－34か月前に持ち込んだ部品の特性や性能の評価については,開発プロジェクトが行われているプラットフォームが責任を負う。サプライヤーを最終的に決定するために,特定のツールが開発されており,これには２つの基準がある。ひとつはテクニカルな基準であり,以下の14のパラメータを使う。これは,フィアットのレーダー・ダイアグラムと呼ばれており,納入される製品よりも,サプライヤー自体に関するものが多い。というのは,開発の初期に,製品を正確に評価することは不可能だからである。

＊サービス評価（1.開発リードタイム,2.サービスのレベル,3.サプライヤーの設備）＊テクニカル評価（4.コンポーネント開発プロセスへの貢献,5.開発パフォーマンス,6.提案の技術的評価,7.品質システム),＊経済的,財務的評価（8.税引き前利益／売上高,9.バランスシート分析),＊プロセス評価（10.新製品開発プロセス,11.生産プロセス),＊経済的競争力（12.納入の質,13.価格レベル,14.提案の経済的競争力)

２つ目は,評価システムを通じるという政治的なものである。すなわち,調達部門,コンポーネント開発プラットフォーム,製品プラットフォームの３部門がサプライヤーのポートフォリオを評価したのちに,最終決定する[21]。

第6章　自動車メーカーとサプライヤーの取引関係の変遷と今後の展望

(ii)　日　　本

　一次サプライヤーに選択されたサプライヤーは，自動車メーカーと長期的に取引を行っていくため，自動車メーカーは1回ごとにサプライヤーを選択することはない。しかし，長期的に見ると，自動車メーカーはサプライヤーの選択を行っている。自動車メーカーはサプライヤーの「パフォーマンス」と「潜在能力」という2つの基準から，A，B，C，Dの4ランクに分けている。A，Bランクの企業は優良外注先，C，Dランクの企業は一般外注先としている。Aランクの企業とは，積極的に長期的な関係を築こうとして，自動車メーカーはその企業に出資する。Dランクの企業とは，適当な時点で取引を打ち切ろうとする。しかし，Cランクの企業は，需要が多いときの能力バッファーとして，一次サプライヤーにとどめておこうとする[22]。

(3)　管理された競争

　フィアットは，サプライヤー間で，調達部品の数量のバランスをとっている。しかし，これは，日本のような同一モデルにおける特定部品を複数サプライヤーから調達することを意味していない。なぜならば，規模の経済性がなくなるからである。フィアットのサプライヤーは，1社が平均して，同一モデルの特定のコンポーネントの90％を供給する。しかし，フィアットは，異なるモデルに対しては異なるサプライヤーと取引する。たとえば，フィアット・ブラボ／ブラバのサプライヤーは，特定なコンポーネントの90％を納入するが，ランチャーYにはまったく納入していない。

　しかしながら，フィアット・プントのような販売台数の多いモデルのコンポーネントは，複社発注となっており，これは例外的である。次期モデルのフィアット・プントのエンジンには，Magneti Marelliが1.2リットル8バルブ・エンジンのインジェクション・システムを納入し，ボッシュは1.2リットル16バルブ・エンジン用のものを，日立が1.8リットル16バルブ・エンジン用のものを納入する予定である。この3社は同一のコンポーネントを納入してはいないので，厳密な意味での複社発注ではない。

フィアットは，このように日本とは異なった意味での複社発注によってサプライヤー同士を競争させ，継続的にベンチマークをさせることによって，サプライヤーの部品の価格や品質を管理し，最新技術を確保している。サプライヤーとの納入契約の期間は，そのモデルが生産されなくなるまでであり，通常5年以上となる。自動車メーカーが減価償却できるだけの納入量を保証したときにだけ，サプライヤーは関係特殊的な設備投資をする[23]。

日本では，長期取引慣行により，サプライヤーは関係特殊投資をする。車の売れ行きが悪く，早めに量産が打ち切られ，部品メーカーが関係特殊投資の減価償却がまだ終了していないときは，自動車メーカーが未償却分を補償する。反対に，量産期間が予想よりも長くなった時は，金型費の分だけ，部品の単価が下げられることになっている[24]。

欧米では，販売量が少ない自動車メーカーには，サプライヤーも関係特殊投資をしたがらないし，中古のサブシステムを購買させたがる。これに対して，ポルシェでは内製で対応している。したがって，生産台数が多いグローバルな自動車メーカーだけが，サプライヤーの部品コストと技術レベルを管理でき，ファースト・クラスのサブシステムを獲得できる。また，このような自動車メーカーは，世界中で近隣の工場に投資してくれるサプライヤーを獲得できるし，ファースト・クラスの自動車を生産できる。いかに，競争力のある独立したサプライヤーに対して交渉力を持つか，それが欧米の自動車メーカーの問題となっている。日本では，自動車メーカーの技術的リーダーシップ，出資関係，長期取引に基づいた信頼などにより，取引関係が調整されている[25]。

(4) 価格設定
(i) フィアット

フィアットでは，サブシステムのスペックが正確に設定されるまで，契約価格を決定できない。最終的に価格が決まるのは，サプライヤーが決定され，デザインのフィージビリティの研究に資源が投入されてからである。最初の価格の提示によって，サプライヤーの選択がなされる。そして，契約がなされ最終

第6章　自動車メーカーとサプライヤーの取引関係の変遷と今後の展望

価格が決定される。この契約では,最終価格の修正も加味されている。フィアットがコンポーネントのサブシステムを認可したときに,最終価格が決まる。その時期は,大量生産開始の約24-21か月前である。

フィアット側は目標価格を設定せず,サプライヤー間で競争させている。というのは,フィアットが特定のコンポーネントの技術に精通していないため,価格をそもそも設定することができないからである。過去にフィアットが目標価格を設定したことがあったが,過小評価をしてしまい,Magneti Marelli は,その達成を非常に簡単に実現してしまった。ＶＡ（Value Analysis）,ＶＥ（Value Engineering）もフィアットはサプライヤーの手に委ねている。しかし,日本では自動車メーカーが厳しく管理している。

フィアットとその一次部品メーカーの関係は,事業上の収益性を基礎にした契約に基づいている。信頼に基づく関係ではないため,サプライヤーは納入契約を勝ち取るために,選ばれた競争相手が混在するグループの中で,最上のオファーをしようとするだけである。フィアットが提供する長期契約とシングル・ソースは納入量を保証する道具にすぎない。しかし,お互いに顧客やサプライヤーを多数持つことによって,競争によるベンチマークと知識の獲得がなされるというメリットが生ずる[26]。

(ii) 日　　本

日本では,量産試作のために部品が作られる段階でサプライヤーが決定され,量産試作の期間に「単価決定通知書」等で,部品の価格が決定される。量産の間に単価が修正されることもある[27]。

(5) 利益共有と原価企画

メーカーにとってもサプライヤーにとっても,コスト削減は,グローバルな動きである。コスト削減には,次のように2つのカテゴリーがある。1.継続的なプロセスの改善による段階的なコスト削減。2.新車開発の際の,抜本的なコスト削減。製品の性能を改善するような新素材や設計の導入によって,大幅にコスト削減できる。日本の自動車メーカーには,前世代のコンポーネント

について，少なくとも30％のコスト削減を要求するところが多い。

（ⅰ） イギリス[28]

　イギリスのサプライヤーには，製品開発活動の1／3をコスト削減に費やすところもある。既存の設計より性能が高く，安い製品を自動車メーカーは求めている。もし，コストが同じであるならば，30％性能の高いものが求められる。また，性能が同じであれば，30％コストの安いものが求められる。ヨーロッパの自動車メーカーの中には，コスト削減のために，単にサプライヤーを変えるだけのところもある。その際，見積りを要求するメーカーが多い。そのために，サプライヤーは，多くの努力と経営資源を見積りに費やす。製品デザインの80－85％は，見積りの準備に使われており，サプライヤーの貴重な経営資源が浪費されている。自動車メーカーは多くのサプライヤーの中から取引相手を選択できるが，サプライヤー側では，非効率が生じており，この点では，系列内取引の方が効率的であろう。

　現在の商業および生産環境下では，自動車メーカーとサプライヤーは，コスト削減をめぐって対立する関係にあり，「プロフィット・シェアリング」のルール作りが必要である。

（ⅱ） フィアット[29]

　フィアットとサプライヤーの間には，正式なプロフィット・シェアリングのルールはない。通常，フィアットは，サプライヤーの提案によってもたらされた利益は，平等に分配する。しかし，フィアットが提案したコスト削減や改善によって，もたらされた利益は，フィアットがそのすべてを獲得する。

　フィアットは毎年，品質改善とコスト削減をサプライヤーに求めている。フィアットは，部品の品質が改善されても，約5％のコスト削減をサプライヤーに求める。生産段階でのコスト削減が，サプライヤーからの提案で達成されると，プロフィット・シェアリングがなされるが，これはごく最近のことである。

（ⅲ） 日　　本[30]

　設計改善を通じての原価低減努力にはＶＡとＶＥがある。ＶＡは，量産開始

第6章 自動車メーカーとサプライヤーの取引関係の変遷と今後の展望

以降に行われるもので，サプライヤーからの提案である場合，自動車メーカーは部品の価格を約1年間据え置くことによって，サプライヤーに利益を与える。自動車メーカーとサプライヤーとの共同開発で原価低減がもたらされた場合は，部品の価格を約半年間据え置くことによって，利益を共有する。これは一般的なものであるが，自動車メーカーごとに少しずつ異なり，おのおの「VA成果還元のルール」を持っている。VEは，新車開発の過程で行われるもので，自動車メーカーごとに利益の分配はかなり異なる。サプライヤーは取引を獲得するために，VE提案の報酬を期待しないで見積価格を出すものもあり，自動車メーカーも成果還元をしないところもある。

しかし，サプライヤーの側は，それでもVEを行うインセンティブを持っている。というのは，長期的に見た場合，サプライヤーはVE提案の実績を積むことによって，自動車メーカーから高い評価を得て，発注の際，そのシェアを高めることができるからである。

(6) 情報共有

(i) イギリス[31]

製品の要件の把握と開発上の情報交換が，開発プロジェクトを成功に導く。そして，情報量は，サプライヤーと自動車メーカーとの関係に左右される。ゲスト・エンジニアが開発プロジェクト・チームに参加して，デザイン・インを行うことは，イギリスでも実施されている。このメリットは，サプライヤーが顧客の要求や問題に素早く対応できることであり，さらに，自動車メーカーが，情報共有を通して，コンポーネントメーカーの詳細な製品知識にアクセスできることである。グローバルな活動をするイギリスの大規模サプライヤーの中には，アメリカの自動車メーカーへゲスト・エンジニアを送っているところもある。その場でのプレゼンスを保つことが大切であると考えているからである。しかし，ゲスト・エンジニアを送ることによって，自動車メーカーとサプライヤーとの境界があいまいになり，ゲスト・エンジニアの責任範囲が不明確になると欧米のサプライヤーは考えている。日本では，ゲスト・エンジニアの派遣

は，中間組織である系列メーカーと親メーカーの間で行われることが多いため，ゲスト・エンジニアの責任範囲も不明確であった。欧米では系列メーカーではない独立した会社から派遣されるため，ゲスト・エンジニアの責任範囲を明確にする必要がある。欧米の自動車メーカーは，送られてきたゲスト・エンジニアの労働時間やエンジニアリング工数などによって，その費用を支払うため，あいまいな労働時間や責任範囲では，費用の見積りが難しくなる。日本のゲスト・エンジニアというシステムを，そのまま欧米に導入するのは難しいので，それを欧米の他のシステムと整合するように変えて導入する必要があろう。

多くのイギリスの部品メーカーは，特定の自動車メーカーの新車開発時に，顧客との関係構築のため，専門のエンジニア・グループをつくり，それを「カスタマー・フォーカスト・チームズ」(Customer - focused teams) と呼んでいる。このチームによって，当プロジェクトで発生した問題やその解決法を，次の開発プロジェクトに生かすことができる。部品メーカーは，顧客を多数持っていると，このような「カスタマー・フォーカスト・チームズ」を顧客の数だけ持つことになる。小規模の部品メーカーは，人的資源を多く持たないため，上記のような「カスタマー・フォーカスト・チームズ」を顧客の数だけ持つことは不可能である。その場合，部品メーカーは，すべての自動車メーカーをまわる「コマーシャル・パーソン」(commercial person) と呼ばれる人員を抱えている。「コマーシャル・パーソン」は製品開発時に，自動車メーカーと毎日コンタクトをとり，顧客のニーズを探索する。このように特定の顧客だけでなく，すべての顧客とコンタクトをとる「コマーシャル・パーソン」で構成されるチームには，たとえば，すべての開発中の車の部品の品質を受け持つエンジニアなどが含まれている。現在，部品のモジュール化が進展しており，部品メーカーの顧客には自動車メーカーだけでなく，モジュール部品をサブアセンブルして納入する一次サプライヤーも入っている。

部品メーカーは，「カスタマー・フォーカスト・チームズ」が獲得したプロダクト・デザインの機能上，および手続き上の情報を，自社の組織内へ浸透させる必要がある。しかしながら，同時に顧客の開発上の秘密を守る必要性もあ

第6章　自動車メーカーとサプライヤーの取引関係の変遷と今後の展望

る。たとえば，競合する自動車メーカーの計画を，顧客と議論してはいけない。顧客を多く持つことによって，部品メーカーは顧客間の機能横断的な知識を持つことになる。エンジニア自体も終身雇用的ではなく企業間で流動的であるため，多くのメーカーでのデザインの経験を有している。エンジニアも同様に，顧客に対しては顧客間の秘密を保持しなければならず，自社の組織内では，顧客間で獲得された横断的な知識を浸透させなければならない。

　日本では，主要な一顧客と緊密な関係を保っているので，このように多様な顧客からもたらされる知識を組織に浸透させる時の問題は少ない。欧米のコンポーネント・メーカーは，自動車メーカーから比較的独立しており，自動車メーカー同士で，同じコンポーネント・メーカー（ボッシュ，ヴァレオ，Magneti Marelli等）を利用している。この要因が，開発プロセスで多くの相違点を欧米と日本で生み出している。たとえば，開発上の守秘義務，サプライヤーの内部組織，欧米のサプライヤーは顧客の要望に応じてスペックを決めていかなければならないことなどである。しかし，多くのスペックがあることによって，サプライヤーの内部で知識の浸透や創造が起こり，イノベーションが促進されるというメリットもある。

　自動車メーカーの開発期間は長短様々であるが，プロセスは似通っている。各自動車メーカーの開発システムは，同様な点でオーバーラップするが，ユニークな面もある。特に品質や，品質向上のための手続きの面で異なる。この独特さのために，イギリスのサプライヤーは，経営資源にかかわる問題に突き当たることが多い。日本の系列部品メーカーと比較すると，イギリスのサプライヤーは，多くの顧客を持つことによって，その分コストが増加し，競争力が低下しよう。

(ii)　フィアット[32]

　フィアットでは，サプライヤーと共同で部品を設計する局面で，ゲスト・エンジニアが活動する。ゲスト・エンジニアは，新製品開発プロセスの間，フィアット・プラットフォーム・チームのメンバーに加えられる。

　新コンポーネント開発プラットフォームでの開発のプロセスは以下の通りで

ある。1.車への部品の整合性を見る前に，主なシステムのコンセプトを開発する。2.複数のシナリオを満たすコンポーネントを計画する。3.コンセプトを考える時点でサプライヤーを巻き込む。複数の中から適切なコンポーネントを選択する。これによって，新製品開発で新車の技術的，経済的要件を初期に満たすことができる。たとえば，まだ開発のコンセプト設定局面にも至っていないが，フィアットとあるサプライヤーは，将来のフィアット車のブラボ／ブラバのドア・モジュールについて開発を進めている。特に上記の9つのサブシステムについて，コラボレーションが行われている。

日本の自動車メーカーは，サプライヤーを新製品開発に初期から取り込み，欧米の自動車メーカーよりも，プロセス・デザインや生産に関して強く管理している。トヨタは常にプロセスと車に使用される技術を管理しており，技術上のブラック・ボックスは持たないようにしている。フィアットはエレクトロニクス関係のサブシステムを開発しておらず，将来の弱点となるかもしれない。内製かアウトソーシングかという問題は，フィアットでは戦略的な決定というよりも，内製の実行可能性と効率に基づいて決定される。

しかし，フィアットの場合，システム・インテグレーターということ自体，コア・コンピタンスであると考えて，将来の車のコンセプトとアーキテクチャを土台として，設計と製造を効果的に管理する能力が，フィアットを成功へ導くものと考える。モジュール化の管理と多くのモデルに共通のプラットフォームに同様の技術を利用する能力とが，これからのフィアットのビジネスの大半を占めることになろう。

4 取引関係における新しい環境要因

(1) モジュール化

近年，特に欧米の自動車メーカーは，部品メーカーの技術を育成する能力よりも，かつて内製部品であったモジュール部品やサブシステムを統合する能力が必要になってきた。技術開発が素早く行われなければならない現在の環境下

第6章 自動車メーカーとサプライヤーの取引関係の変遷と今後の展望

では，一社だけでそのような内部開発能力を持つことは不可能である。エレクトロニクス，新素材，ニュー・エネルギーの分野では，複数の企業のネットワークや，戦略的提携によって，初めてシステム部品レベルでの先端技術を備えたイノベーションが成功するような環境になってきている。たとえば，シーメンスやモトローラも自動車産業関連の研究開発投資をするようになってきた。ビステオン，デルファイ，シーメンス，ロバート・ボッシュ，ＴＲＷ，ヴァレオ，Magneti Marelli などの大規模サプライヤーが台頭してきており，自動車メーカーに対する交渉力を強めている[33]。

自動車メーカーは，モジュール部品で調達することもコスト削減につながる。部品メーカーが自動車組立工場の近隣のサプライヤーパークから，モジュール単位にサブアセンブルして自動車メーカーに納入するのである。「サプライヤーパーク」とは，数社の主要なサプライヤーがジャスト・イン・タイムでモジュール部品を納入するために，自動車メーカーの組立工場の近くに構えている生産拠点を言う。ベンツのＡクラスは，ベンツにとっては，新規参入の低価格帯製品であり，これには10のモジュール部品が採用されており，Rastatt 工場で組み立てられている[34]。

図表6－1　MCC Smart カーのモジュール・サプライヤー

モジュール	サプライヤー
ホワイト・ボディー	Magna
ドア	Uniport
シート	Faurecia
フロント・アクセル	Daimler－Benz Hamburg
ホイール組立	Continental
リア・モジュール	Krupp－Hoesch
ボディ・パネル	Dynamit Nobel
コックピット	VDO
エンジン	Daimler－Benz Berlin
トランスミッション	Getrag

（出所）Susan Brown, *Europe's Automotive Future,* Financial Times Business Ltd. 1999, p. 55.

フランス東部にあるMCC Smartの工場は，サプライヤーが自動車メーカーの組立工場で主要な役割を演じており，非常に際立ったケースである。Smartカーのモジュール・サプライヤーは，図表6－1の通りである。自動車メーカーは，モジュール化により，組み立てるコンポーネントが少なくなるとともに，組立時間も減少している。

(2)　ネット化

　現在，日本の自動車メーカーは，系列の通信子会社を通して，部品メーカーと受発注データを交換している。しかし，部品メーカーは，各自動車メーカーごとに通信回線と端末を確保しなければならない。2000年末には，世界の主要な自動車メーカーや部品メーカーなど約3,000社が参加する世界的な部品取引ネットワークが稼働した。これによって，部品メーカーは，1台の端末で，この部品取引ネットワークに参加する世界中の取引相手とデータを交換することができる。自動車メーカーは，インターネットで部品メーカーの入札を行い，その後にこの部品取引ネットワークを利用して具体的に開発を進めることができる[35]。部品メーカーとの資本関係による結びつきがなくとも，ＩＴ革命によって，世界中の部品メーカーの情報を効率よく収集できるし，取引費用も低減できる。むしろ，系列という狭い枠の中で取引していた時よりも，最適な部品を世界中の部品メーカーから調達できる。ＩＴ革命によって，系列という囲い込み型の日本の自動車産業の構造は，あまりメリットを持たなくなるだろう。

　したがって，自動車メーカーは，部品取引ネットワークによって，世界中から部品メーカーを選択できるようになる。しかし，部品メーカーにとっては，ゲスト・エンジニアを多く保有したり，自動車メーカーの組立工場に近接したところに自社工場を構えてＪＩＴで納入する必要があるため，財務能力を持った大規模サプライヤーが新規取引を獲得することになるだろう。

第6章　自動車メーカーとサプライヤーの取引関係の変遷と今後の展望

5　おわりに

　欧米の自動車メーカーとサプライヤーは，製品開発をより効率的に行うために，日本の製品開発方式を学習してきた。欧米の自動車メーカーが，日本の部品調達や開発体制から学び導入したものは，自動車メーカーが系列内の部品メーカーに出資するというハードな枠組みの部分ではなく，その開発プロセスにおける部品メーカーとのパートナーシップというソフトウェアの部分であった。このパートナーシップを導入する際，欧米の自動車メーカーは，自社の企業システムに適合するように変化させて導入している。また，企業環境の変化も，そのソフトウェアそのものを変化させる一要因となっている。市場の動向は，自動車メーカーに開発期間の短縮，プラットフォームの共有化や生産費の低減によるコスト削減を強いている。部品メーカーに対しては，大量受注による納入価格の低減，モジュール化，ＪＩＴ納入（サプライヤーパークでの工場設立）を強いている。さらに，ＩＴ革命によって，市場からの部品調達にかかる取引コストが低減するため，市場取引でも系列内取引を代替できるようになる。このような企業環境の変化により，日本の自動車メーカーの製品開発方式も変化してきている。つまり，製品開発プロセスは，日本とこれまで検討してきた欧米の自動車メーカーで収斂しつつあると言えよう。

　日本の自動車メーカーの効率的な開発に欠かせない系列内取引によるメリットは，欧米の自動車メーカーの例でも示されているように，市場の独立したサプライヤーとの取引によっても次のように享受できる。

　①　（日本）系列内取引では，製品開発チームにゲスト・エンジニアが常駐し，情報の共有度を高め，開発作業を円滑にする。

　　　（欧米）資本関係がなくても，欧米のサプライヤーは開発初期から参加し，同様のゲスト・エンジニアをおいたり，カスタマー・フォーカスト・チームやコマーシャル・パーソンを設けて，顧客のニーズを満足させている。

　②　（日本）系列内取引では，サプライヤーが特定のモデルにしか使用されな

167

いような関係特殊的な資産に投資しても，機会主義的なホールドアップ問題にあうリスクが少ない。

　（欧米）独立したサプライヤーも，シングルソーシングによって大量生産することにより，関係特殊投資をすることができる。

③　（日本）系列内取引では，自動車メーカーは一部品につき複数の部品メーカーに発注することによって，競争原理を導入し，高品質の部品を低価格で納入させることができる。

　（欧米）大規模サプライヤーに一社発注する（ex.ルノーのオプティマ・サプライヤー）ことによって，スケール・メリットにより部品を低価格で納入させることができる。大規模サプライヤーは研究開発費を豊富に使用することができるため，新技術を使用した品質の高い部品を納入することができる。また，自動車メーカーは，モデルごとに異なるサプライヤーと取引することによって，一社発注でも競争原理を導入することができる。

　このように系列内取引のメリットは，独立した大規模サプライヤーにモジュール部品を各モデルごとに一社発注することによって代替できる。さらに，独立した大規模モジュール・サプライヤーは，組立工程を一部請負うことも可能であり，市場の変動にも素早く適応できるというメリットを持つ。それに対して，系列内のサプライヤーは，自動車メーカーの意思決定を尊重するため，独自で行動を素早く決定できず，アジルな企業とはなりにくい。

　しかしながら，日本の系列も，外国の自動車メーカーとの資本提携を機に，崩壊しつつある。それにもかかわらず，開発プロセスにおける部品メーカーとのパートナーシップというソフトウェア的な部分はそのまま生き残るであろう。

　最後に，これまでの日本と欧米の自動車産業における部品取引を概観してみる。現在，日本の自動車産業は，系列という中間組織を活用して，自動車メーカーに管理された閉鎖的な世界の中で，低い取引コストで製品開発を行っている。一方，欧米の自動車メーカーは，かつて部品の大部分を内製していたため，組織内の管理コストが高く非効率が生じていた。欧米の自動車メーカーは，日本のリーンな製品開発を学習するにつれて，市場から取引コストをかけて部品

第6章　自動車メーカーとサプライヤーの取引関係の変遷と今後の展望

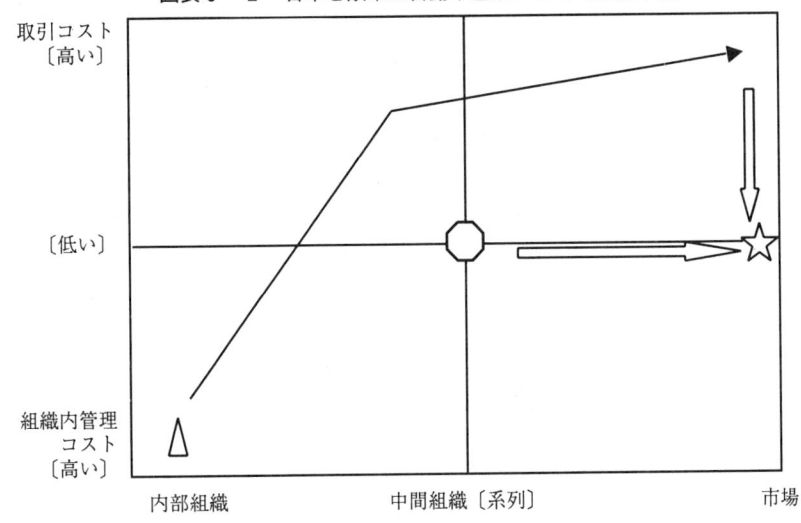

図表6－2　日本と欧米の自動車産業における部品取引

（注）△ 欧米の自動車産業　　〇 日本の自動車産業　　☆ 21世紀の自動車産業

をアウトソーシングするようになった。このような日本と欧米の自動車産業における部品取引は，将来的に図表6－2に示されているように，市場のサプライヤーから非常に低い取引コストで部品を調達できる点へ移動していくと思われる。というのは，市場から部品を入札しても，インターネット入札，データ交換，電子受発注システム等によって，取引コストが非常に低減していくからである。

　この移動は，IT革命という推進要因からだけではなく，部品のモジュール化も一要因となろう。なぜならば，モジュール化は，部品間のインターフェースにそれほど厳密な調整を必要としないため，市場のサプライヤーでも新製品開発において不都合が生じないからである。従来，自動車の構造は，統合アーキテクチャの性質を持っており，部品間の機能的相互依存性がきわめて高かった。部品間のインターフェースは標準化されておらず，各開発プロセスの中で，その特定のインターフェースのルールが決定されていた。したがって，自動車メーカーは，関係特殊的な投資をしてくれる長期的取引相手である系列部品

メーカーとの取引にメリットを感じていた[36]。しかし，次第にフロント・エンドやインストルメントパネルなどにモジュール部品が使用されてきており，車のコンポーネント部品がモジュラー・アーキテクチャ化されつつある。

このように，IT革命は主に部品メーカーとの取引コストを削減する要因となり，モジュール化は系列内取引のメリットを市場のサプライヤーでも代替できるようにする要因となっている。

以上のように，インターネットでの部品の価格公開，電子受発注システム，3次元CADなどのIT革命，そしてモジュール化は，日本の自動車産業における系列内取引という閉鎖的な取引関係対，欧米の自動車産業におけるオープンな取引関係という2つのビジネス・モデルを，新しいひとつのビジネス・モデルへと収斂させる力を持っている。新しいビジネス・モデルは，自動車メーカーと部品メーカーの市場を通したオープンな取引関係である。これは，かつてのオープンな欧米の自動車産業における取引関係と異なり，製品開発プロセスにおける緊密なパートナーシップを実現できるという，系列内取引と従来の市場取引の双方のメリットを実現でき，かつ双方の制約条件を克服できる新しいビジネス・モデルである。

（注）
1) 青木昌彦，奥野正寛『経済システムの比較制度分析』東京大学出版会，1997年，70～71ページ。
2) 同上書，70～71ページ。
3) 拙稿「書評：影山喜一編『欧州（EU）の産業構造と産業政策特集号』国府台経済研究第八巻第二号」日仏経営学会誌，第15号，1998年，54～55ページ。
4) 日経ビジネス『日本型リエンジニアリング』日本経済新聞社，1994年，88～98ページ。
5) ホルガー・アペル，クリストフ・ハイン著，村上清訳『合併』トラベルジャーナル，1999年，26ページ。
6) 日経ビジネス，前掲書，88～98ページ。
7) Brown, S. edited, *Europe's Automotive Future*, Financial Times Automotive, 1999, pp.8～90.
8) Ibid., p.90.
9) Caputo, M. et al., New Product Development Strategy might induce a Migration of Competencies from OEMs to Suppliers : The Case of the Automotive Industry

第6章　自動車メーカーとサプライヤーの取引関係の変遷と今後の展望

Suggest Counter Actions, *6th International Product Development Management Conference Proceeding,* Cambridge, U. K. July 5 − 6 , 1999, pp. 212〜214.

10) 拙稿「ルノーの経営戦略　−製品開発と組織変革について−」日仏経営学会誌，第13号，1996年，72ページ。
11) FOURIN海外自動車調査月報No.164，1999年4月号，1〜5ページ。
12) 2000年3月29日，日産自動車株式会社，谷野幹男（プログラム管理室，次席プログラム・ディレクター），渡邊邦幸（テクニカルセンター，資源統括本部，資源統括部部長）に対する日産厚木テクニカルセンターでのインタビューより。
13) FOURIN海外自動車調査月報，前掲誌，1〜5ページ。
14) 2000年3月29日，日産自動車株式会社，上記インタビューより。
15) 週刊ダイヤモンド，1999年，11月13日，140ページ。
16) FOURIN海外自動車調査月報No.169，1999年9月号，14〜15ページ。
17) 2000年3月29日，日産自動車株式会社，上記インタビューより。
18) 週刊ダイヤモンド，1999年，11月13日，139ページ。日産依存率が10割の系列部品メーカー：日産車体，愛知機械工業。依存率が9割：フジユニバンス。依存率が8割：カルソニック，ユニシアジェックス，河西工業，ヨロズ，大井製作所等がある。日産依存率は単体ベースでの日産グループへの売上高依存率（99年3月期）。
19) Caputo, M. et al., op. cit., pp. 207〜221.
20) イタリアのケースは，フィアットと次の部品メーカー2社の納入関係を見る。Magneti Marelliは，フィアットが出資する会社であり，エレクトロニクスに強いフィアットの一次サブ・システム・サプライヤーである。StampiTreは，鉄鋳造の分野で操業しており，金型メーカーとのインターフェースでは，重要な役割を負っている。Magneti Marelliは，フィアットの出資する会社であるという要因は，一般的な納入関係を見るうえでさまたげにならない。なぜならば，フィアットの影響がMagneti Marelliの納入政策に影響を及ぼしていないからである。
21) Caputo, M. et al., op. cit., p. 215.
22) 浅沼萬里『日本の企業組織　革新的適応のメカニズム』東洋経済新報社，1997年，216〜217ページ。
23) Caputo, M. et al., op. cit., p. 216.
24) 浅沼萬里，前掲書，178ページ。
25) Caputo, M. et al., op. cit., p. 218.
26) Ibid., p. 216.
27) 浅沼萬里，前掲書，174〜175ページ。
28) Anderson, J. et al., Issues in New Product Development in the Automotive Industry: A View from the Components Suppliers, *6th International Product Development Management Conference Proceeding,* Cambridge, U. K. July 5 −6, 1999, pp. 39〜41.
29) Caputo, M. et al., op. cit., p. 216.
30) 浅沼萬里，前掲書，182〜184ページ。

31) Anderson, J., et al., op. cit., pp. 34～39.
32) Caputo, M. et al., op. cit., pp. 216～220.
33) Ibid., pp. 208～209.
34) FOURIN海外自動車調査月報 No. 169, 1999. 9, pp. 14～15.
35) 日本経済新聞，2000年4月14日付。
36) 青島矢一「製品アーキテクチャーと製品開発知識の伝承」ビジネスレビュー, Vol. 46, No. 1, 1998年8月, 51～52ページ。

補 論

フランスの企業と経営

1　フランスの経済発展

　フランスは，ヨーロッパ最大の農業国であり，面積は約55万平方キロメートル，人口は約5,800万人である。国内総生産高は高く，アメリカ，日本，ドイツに次いで世界第4位である。さて，フランスの経済発展において，政府の経済計画と企業の国有化政策が大きな役割を果たしてきた。特に過去3度にわたり行われた国有化は，その実施された時代背景によって目的が多少異なるが，共通点は(1)各企業に効率的に資金を配分すること，(2)経済の基盤となる産業では，企業が利潤極大化に束縛されずに経営できること，(3)政府が国際競争から自国の特定産業を保護し，支援できるということが挙げられる。

　以下では，3回の企業の国有化とその後の民営化を中心に，これまでのフランス経済の発展過程を把握する。

(1)　第1次国有化…戦間期（1919〜1939年）

　最初の企業の国有化の理由は，大きく分けると次のようになる。①第1次世界大戦後のフランス経済を強化するために行われた。具体的には金融機関を国有化し，国有鉄道（SNCF）を設立した。②戦後処理により，フランスはドイツから資産を取得し，それを管理するために国有化が行われた。しかし，全体的には，国有企業がフランス経済に占める割合は限定的であった。

(2) 第2次国有化…第2次世界大戦後の改革期

　この時期に国有化された企業は，①経済のキーセクターを担う企業（石炭，ガス，電力部門等）であった。その中には新規に設立された公企業もあった。②金融部門（フランス銀行，4大預託銀行，11の保険グループ）。③赤字の公共サービス部門（エールフランス，パリ地区交通公団［RATP］）。④戦時中ドイツに協力したため，懲罰的に国有化された企業（ルノー）。

　1956年には，国有企業全体で，フランスの工業と運輸部門の労働者総数の13%を占め，かつ総活動人口の5.3%を占めていた。1957年に，フランスの国有企業数は166社に増えていた。国有企業全体の生産指数は，1938年～1957年の間に2倍になっており，これは，全企業の平均以上の伸びである。しかし，国有企業の中でも，従業員の増加と減少，黒字と赤字の企業が混在していた。このように国有企業が増加するにつれて，戦後の復興のための長期的な経済計画が不可欠となった。その結果，「第1次経済計画」（1947～1953年）が実施され，石炭，電力，鉄鋼，セメント，運輸，農業機械，燃料，窒素肥料の8部門に優先的に公的資金が投入された。それは，1947～1951年に行われた投資総額の37%を国有企業が占めていたことに端的に表されている。

　1960年代にはECが成立し，ヨーロッパの域内貿易が増加し始めた。フランス企業の国際化も進展し，また逆に外国企業の対仏進出も促進された。そのため，「第5次経済計画」（1966～1970年）では，国際競争力を高めようとして，国有企業の大規模プロジェクトに資金援助がなされ，国防，核兵器／宇宙開発，エレクトロニクス，情報等の産業が育成された。また，銀行の合併が促進され，その結果，パリバ，スエズなどの「コンツェルン型金融集団」が出現した。

　ルノー公団，銀行，保険会社では，従業員を動機付け，生産性を上昇させるために，「従業員持株制度」を採用した。企業は従業員に資本の25%まで株式を分配することができた。従業員は一定期間保有した後，公的機関に株式を売却できた。

　その後，国有企業の多角化，および国際化が進展していった。ルノーでは，雇用の維持を目的とした多角化によって子会社が急増し，1970年代初頭には，

約300の子会社を所有していた。企業組織も「事業持株会社」に変革された。その後、ルノーは経営方針を改め、公共サービスの精神を放棄して、収益性を重視するようになっていった。

(3) 第3次国有化（1981～1982年）…ミッテラン政権による国有化

　ミッテラン政権によって、1981年から新たに多くの企業が国有化された。その結果、経済の基盤となる産業だけでなく、先端産業にも国有企業が進出するようになった。国有化には、次の3つの方式が活用された。①企業の資本金に政府資金を組み入れる（鉄鋼企業2社ユジノール、サシロールの例。その後、両社は、1987年に合併し、ユジノール・サシロールと改称された。95年に民営化された）。②株主の保有株の過半数以上を、政府が交渉で取得する（マトラの例）。③国有化法の制定で、政府が株式を全て取得する。株主には補償をする（トムソン、ローヌ・プーランク、サン・ゴバン、パリバ、スエズの例）。

　1982年には、商業銀行36行が国有化された。これは、政府が優先分野と考える産業に資金を円滑に供給するためである。1984年、産業全体に占める国有企業の比率は、従業員の11％、売上高の28％、投資の36％、輸出の23％、銀行預金の90％であった。ミッテランは国有企業に、生産性の向上、収益性の増大、輸出の増大と国際化の進展を要求した。その実現のために、一業種一企業となるように再編がなされ、重複投資を回避させた。

　しかし、石油危機後の厳しい経営環境の中で、政府の保護主義、介入主義が前面に出て、国有化による経済の活性化は、成功しなかった。特に、衰退産業、非効率部門では雇用確保の理由で合理化が徹底しなかった。

(4) シラク政府の民営化

　1986年にシラク政府が成立し、規制緩和および民営化を推し進めていった。86年から88年までの2年間は、社会党のミッテラン大統領と、保守党政権のシラク首相との保革共存体制となり、「コアビタシオン」と呼ばれた。この時期に、全部で14の国有企業が民営化された（CGE、サン・ゴバン、パリバ、ソシエテ・

ジェネラル，マトラ，一部の商業銀行等)。民営化によって得られた国家の収入は，特定の経営難に陥っていた企業の支援や，対外債務の返済に充てられた。

民営化した企業の株主には，法人，個人，従業員がなった。法人株主には，国有企業が多くを占め，安定株主となることによって，外国企業からの企業買収を回避しようとした。企業同士の株式の相互持ち合いや，取締役を兼任し合うことも多かった。1991年には，国有企業の資本の49.9％まで民間譲渡を認める「デクレ（大統領令）」が発令された。

1988年にシラク政権からロカール社会党政権へと代わり，これ以上の民営化も国有化もしないという宣言が出された。これによって，国有企業は，株式公開ができず，M＆Aに必要な資金を調達できなくなった。しかし，93年に再度民営化が，保守党政権のもとで進展していくことになる。

フランステレコムの一部民営化の際には，政府は6億フランの公的資金を得た。政府はその資金を，1998年に，フランス産業の支援に活用した。その支援方法であるが，まず政府は資金を政府系銀行に預け，そこを通して資金が様々なリスク共同基金に投資された[1]。

以上一瞥してきたように，フランスの経済発展において，政府の産業政策が非常に大きな役割を果たしてきた。現在のフランス産業の特徴は，先端産業と伝統的な産業が共存していることである。先端産業には，原子力，航空・宇宙，軍事エレクトロニクス，海洋開発，鉄道車両，電気通信が挙げられる。コンコルド，エアバス，ＴＧＶ，ミニテル，戦闘爆撃機ミラージュ等は，その代表的な商品である。伝統的な産業には，繊維，皮革，家具，石炭，鉄鋼，造船がある[2]。

最後に，ヨーロッパの地域統合に対するフランス企業の対応を把握する。1992年のＥＣ統合の際，フランス企業が関係する提携やＭ＆Ａが増大した。その目的の1つは，ＥＣ市場に自社の物流，生産，サービス等の拠点をつくり，事業の拡大をはかろうとしたためであった。もう1つは，フランス企業間でＭ＆Ａをすることによってナショナル・チャンピオンを生み出し，外国企業に対抗しようとしたためであった。その後のＥＵ統合により，物やサービスの自由

な移動を保証する単一市場が生まれており，現在，フランス企業はさらなる国際競争力の強化を迫られている。

2　フランスの教育，雇用および労使関係

(1)　フランスの教育

　フランスでは，出身校によりその後の就職先が大きく変わってくる。行政，政治，経済において最高の地位を獲得できる者は，ＥＮＡ（国立行政学院）出身者である。彼らは，卒業後，通常，上位成績者は大蔵省財務監督局，最高行政裁判所，会計検査院，外務省等へ就職し，官僚エリートとなる。成績のふるわなかった者は，上級公務員である事務行政官になる。彼らは官庁に勤めてから，約半数が10年以内に天下りをして，大企業の最高経営者になる。企業の側は，官庁からの天下りを採用することにより，国からの補助金を確保しようとする。同時に，企業の社会的威信が高まることも計算に入れている。

　ＥＮＡ出身者にジスカール・デスタン前大統領，シラク大統領がいる。ルノーのルイ・シュバイツァー会長も，70年にＥＮＡを卒業し，その後典型的なＥＮＡ出身者の経歴を重ねてきている。彼は，大蔵省の財務検査官に就任し，84年に主相府官房長官，86年に44歳でルノーに入社した。当時，国有企業であったルノー公団の経営方針は，輸出促進，雇用の維持であったが，シュバイツァーは財務・企画部長として人員削減を実行し，財務体質を改善してきた。90年に彼は社長となり，92年にルノー公団総裁（現在では会長職）に就任した。96年にルノーは，国有企業から民間企業に転換した[3]。

　フランス人は，エナ卒業生を，絶対君主（モナルク）をもじって「エナルク」と呼ぶ。フランスは，日本と同様に官僚主義の国である。自由化され，国際化したＥＵ単一市場で活動するフランス企業に対しても，フランスでは特に政府の関与が多い。2年間のＥＮＡの教育システムは，優秀なテクノクラートを育てることを目的としている。しかし，近年，ＥＮＡへの入学志望者が減少してきている。また，ＥＮＡ卒業生も最初から民間企業へ就職する者が増大してき

た[4]）。

　フランスの学生は，大学に入学するには，資格試験（バカロレア）に合格しなければならない。しかし，大学を卒業しても，中級管理者止まりが多く，就職すること自体，困難なことも多い。大学の施設も，学生数に見合っておらず，貧弱な所も多い。大学よりも就職に有利な教育機関は，全国に300校以上あるグランゼコールである。グランゼコールに入るためには，バカロレア取得後，2～3年の準備スクールを経て，各グランゼコールの入学試験を受ける必要がある。経営者，上級管理者には，技術系，商業系のグランゼコール出身者がなっている。大企業には学閥が存在することも多く，先輩，後輩の同僚意識が強い[5]）。

　グランゼコールを卒業した学生は，大企業に就職する場合が多いが，さらに高級官僚を目指す人はＥＮＡに進学する。これが，ＥＮＡがグランゼコールのグランゼコールと呼ばれるゆえんである。

(2) **フランスの雇用**

　フランスは，先進諸国の中でも特に失業率が高い。フランスの高失業率は，石油危機後に始まった。1997年には，イギリスの失業率が5％，ドイツが11％，アメリカが約4％，カナダが9％，日本が3％であったが，フランスは94年～98年を通して約12％と高い。そして問題なのは，特に若年層の失業率が高いことである。フランス企業では企業内教育であるＯＪＴが組織化されていないため，新卒者は，技能面，経験面のハンディから，正規に雇用されるのが難しい。また，レイオフでは若年層が最初にその対象となる。教育水準の低い労働者の中には，長期的に失業状態にある者も多い。97年に成立したジョスパン内閣は，シラク大統領の下で，雇用創出のために，若年者を期限つきで新規雇用するように，自治体や公共団体等に補助金を支給することを制度化した。さらに，政府は法定労働時間を週35時間に短縮し，ワークシェアリングを奨励している[6]）。

　フランスの高失業率は，給料の6割が失業手当として給付される制度があるため，労働者が就業意欲をなくしてしまうことにも一因がある。また，フラン

スの伝統的な産業から，成長性や収益性の高い情報産業への転換が遅れており，それが雇用の創出につながらないことも，大きな要因となっている。

　フランスの法定労働時間は，1936年に週40時間，有給休暇は4週間になった。1981年には週39時間になり，2000年からは従業員21人以上の企業で週35時間が適用され，2002年からは10人以上の企業でも週35時間が適用される。法定労働時間が週35時間ということは，それ以上超えて労働すると，その分には時間外賃金率が適用されるのである。年間では，1,600時間を超過して働くことはできない。フランスの経営者は企業の競争力の面からこれに強く反対し，フランス経営者評議会（CNPE）の会長が辞任した。法定労働時間が35時間になることによって，年中工場が稼働している装置産業や，技術革新が激しいハイテク産業などで，競争力の低下が心配されている。

　さて，1998年の民間企業および半官半民企業の常勤労働者の平均賃金は，税引き前で月額1万3,660フラン（22万4,707円　1フラン＝16.45円）であった。男女の賃金には，まだ開きがあり平等ではない。管理職などの高い職位においては，特に賃金の男女格差が激しい。管理職での男女格差は25.6%，ブルーカラーでは13%である。労働者全体の賃金では，上位10%の賃金は，下位10%の3倍である[7]。

　しかしながら，すべての職業に最低賃金（SMIC）が適用されており，賃金水準の決定に影響をおよぼしている。これは，新規採用者やパートタイマーにも同様に適用される。決定基準は，消費者物価の上昇と，経済成長の分配を保証するものである。最低賃金制度は1950年に制定され，2005年まで保証されている[8]。

　女性の労働力率は，1968年には37.2%，1989年は44.5%，1990年には46%と，徐々に増加してきている。1983年の雇用機会均等法で，募集，採用，賃金等での差別禁止規定が設けられた。

　労働力の流動性については，平社員より幹部の方が流動性が高い。グランゼコールの卒業生は，入社前にすでに専門教育を受けているため，通常は，いきなり幹部として入社する。営業管理職や技術者の給与は，同年齢の一般従業員

の2.5～3倍である。しかし，この優遇されている幹部候補も，約5年もすれば転職してしまう者が多い。

　フランスの地域間労働移動は小さい。というのは，各地域で特色のある産業が育成されているからであり，たとえば，トゥールーズの航空機産業，マルセイユの石油化学，ブルターニュ，アルザス地方の自動車産業がある。

　外国人労働者にとっては，就労ビザの取得や更新にこれまで以上に日数がかかるようになってきた。現在フランスは，自国の労働者の雇用機会を守ろうとしているのである。フランスにはもともと外国人労働者が多く，その受け入れは19世紀後半より始まる。当初はイタリア人，ギリシャ人が多かったが，1960年以降はスペイン人，ポルトガル人，北アフリカ諸国の人々が特に増加した。フランスとしても，不足した単純労働者を移民によって補充できたのであるが，1970年代半ばに移民政策を停止した。それでも，1989年にはフランスに約160万人の外国人労働者がおり，多くは建設，公共事業で働いていた。現在，フランス人口に占める外国人比率は7％である。アラブ人が多く，文化の違いが地域住民との摩擦を引き起こしており，問題化している[9]。

(3) フランスの労使関係

　フランスの組合組織率は低下傾向にあり，1997年の8％という組織率は，ヨーロッパで最低であった。労働組合の中では，1895年結成の「労働総同盟」（CGT）が最大の組織率を誇っている。団体交渉のレベルには，中央協約，産業別協約，企業別または事業所別協約がある。団体協約（convention collective）では，産業ごとに経営者と労働者の代表が，給与水準，産休期間，退職や労働時間などの労働条件に関して話し合う。たとえば，法定労働時間が週39時間であった時も，自動車産業の組立ラインでは，団体協約で，以前から36時間労働が実現されていた。

　一律の賃上げ以外に，各企業では労働者を個別に査定して賃金を決定するという方法も採用されている。1986年には，企業の30％が個別化賃金を採用していた。

賃金構造は，生産労働者，職長，事務職員，カードル（管理職／専門職）に分かれている。生産労働者は，資格制度に基づいて，産業別協約の賃金をどの企業でも保証されている。そのため，企業間移動がスムーズに行われやすい。これは，日本のような企業内資格制度からは成しえないことである。事務職は，企業ごとに学歴と勤続年数で決定されている。

　組合以外に，「企業委員会」(comité d'entreprise) があり，ここで，経営者と従業員との話し合いの場が持たれている。人事やM＆A，工場の閉鎖などについて，会社の方針や現状の説明がなされる。また，労働条件の改善の場でもあり，雇用者と利益の分配を交渉する。しかし，法的に団体交渉の権利は認められていない。企業委員会の設置は，従業員が50人以上の企業に義務付けられている。

　1959年には，パルティシパシオン (participation) と呼ばれる「利益参加制度」ができた。これは，従業員に，ボーナスとは別に企業の利益を分配する制度である。企業の利益は，各従業員の給料に応じて比例配分される。この制度によって，企業は従業員を動機付けることができる。というのは，フランスでは労働市場が流動的であり，経営への参加意識が希薄であるため，労働者が生産性に無頓着になりがちだからである。日本ではこのような制度がなくとも，これまでは，終身雇用や年功序列によって，会社と運命を共にするという意識を植え付け，動機付けることができた。

3　フランス企業の経営

　フランス企業の分類方法として，公企業（原子力などの政府直轄事業，国有企業）と私企業，大企業と中小企業，同族企業と経営者企業に分けることができる。
　第1節で，国有企業とその民営化について検討してきたので，ここでは同族企業と中小企業に焦点を絞って，フランス企業の経営の特徴を見ていくことにする。

(1) フランスの同族企業

フランス企業全体の60.5％が，同族企業である。同族企業の定義は，(1)株式の過半数を同族が握り，かつ(2)企業の最高経営執行機関が同族の手に掌握されていることである[10]。

しかし，組織が大規模化するにつれて，次第に専門経営者に経営を任す企業が多くなってきている。プジョー家では64年から専門経営者に経営を任している。

フランスの起業家には，資本の所有と経営を分離することを受け入れられない者が多い。起業家は投資家に対して，資本の参加と交換に，企業の管理を彼らに任そうとはめったにしない。特に中小企業の大多数の経営者は，終生，その企業の経営者であろうとする[11]。中規模企業が消滅する主たる理由は，主に経営者が自分の息子に企業を継がせようとする頑固さのためである[12]。

80年代後半から90年代後半にかけて，フランスでは毎年，約5万件の企業買収が行われてきた。そのうち，半数が経営者の退職に機を発する。そのような企業は買収された後，企業組織が改められ，新しい経営者が就任することになるが，すべての雇用が守られることはないのである[13]。

(2) フランスの中小企業

1996年に，欧州委員会は中小企業を次のように定義し直した。すなわち，中小企業とは，従業員が年間平均で250人未満の企業である。さらに，売上高が4,000万ユーロを超えず，年次貸借対照表総額が2,700万ユーロを超えない企業である。また，25％以上の資本金や議決権を他の大企業に掌握されていないことが条件である。

小規模企業とは，50人未満の従業員を雇用する企業である。売上高は700万ユーロを超えず，年次貸借対照表総額が500万ユーロを超えない企業である。零細企業とは，従業員が10人未満の企業である[14]。

1996年に，フランスの中小企業数は，全企業数の99.8％を占め，大企業（従業員250人以上）数は0.2％であった。しかし，中小企業対大企業の従業員数は，

補論　フランスの企業と経営

図表補−1　フランスにおける企業規模ごとの賃金労働者数の比率
(1985,1991,1997年)

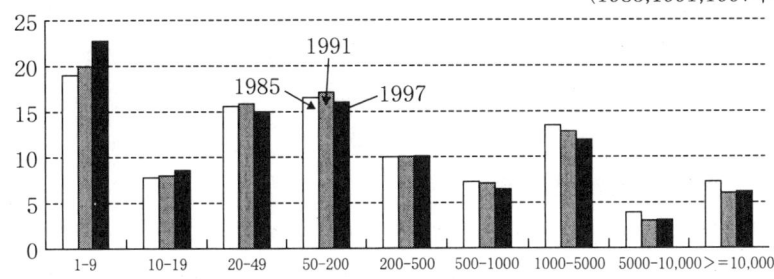

(出所)　Moussallam karim, Le poids des grandes entreprises dans l'emploi-Baisse dans l'industrie, augmentation dans les services et le commerce, *INSEE PREMIERE*, No.683, nov.1999.

66％対34％，売上高は62％対38％の比率であった[15]。大企業は，数は少ないけれども，従業員と売上高の全体に占める割合が相対的に大きくなる。なお，フランスの全従業員数は1,531万人である。

1985年，1991年，1997年における企業規模別賃金労働者数の比率は，図表補−1の通りである。この12年間で，従業員が20人未満の零細企業や小企業では，賃金労働者の比率は増加傾向にあるが，500人以上の大企業では，減少しつつある。

成長性の高い企業は，知識産業であることが多い。1997年に，フランスの小企業の11％が，インターネットを活用していた。このような企業では，成長性が他の企業の2倍，輸出も2倍であり，従業員の給与も高い。現在，知識産業に属する大企業の大部分は，15年前は小企業にすぎなかった[16]。

フランスの中規模企業の最高責任者によれば，その職務で成功するのに必要とされるものは，重要な順に，企業家精神 (86.5％)，リーダーシップ (79.8％)，意思決定力(78.6％)，自主性(70.9％)，自信(68.5％)，チーム・スピリット(68.5％)，ストレスに対する抵抗力(61.3％)，リスクを好む(51.7％)という特性であった[17]。このような特性を備えた経営者のもとで，中規模企業は，成功する可能性が高まる。フランスには研究助成制度があり，この制度は，これまで中小企業を軽視してきた。Henri Guillaumeの報告によると，2,000人未満の従業員を雇用

する企業は，1995年に12億フランの研究助成を得たが，それ以上の規模の大企業グループは，約120億フランを助成されている[18]。革新的な技術や製品は，大企業内で創造されるという判断に基づいて，フランスの産業政策が行われているのである。

(3) フランス企業の経営管理

　EU統合やグローバル化の進展に伴い，アメリカの年金基金のような機関投資家が，多くのフランス企業の大株主となっている。その結果，フランス企業もアングロ・サクソン流，あるいは米国流の株主資本利益率（ROE）を重視した企業経営を行う必要性が高まってきている。GEのように，利益率の悪い部門を売却してしまおうとするフランス企業も多い。企業買収も多く，その際，持株会社制度はフランス企業にとって好都合であった。買収した企業を子会社化することによって，本社が巨大化せず，組織効率の低下を招くことはない。また，子会社化は，労使紛争を特定の会社だけに限定させたり，給与も様々な形に体系化できる。

　日本の企業では，四半期ごとの株価や業績に対する株主の要求が低いため，経営者は企業経営を長期的な視野で行うことができる。たとえば，配当を多くせず，利益を再投資できるし，利益よりも売上高やシェアを重視できる。こういう考えの日本企業が外国市場に参入すると，摩擦を生むことになる。1980年代にフランスと日本の間で貿易摩擦が起きた。日本企業は最初，赤字覚悟で価格をつけて，フランス市場に参入した。日本企業は利益があがるまで長期間かかっても仕方がないとしたが，フランス企業はそれを批判したのである。

　フランス企業が，ドイツから導入したものには，コーポレート・ガバナンスを挙げることができる。1966年にはフランス商事会社法上，監査役会と取締役会から成る2層制度が導入された。企業はこれを導入しなければいけないという法的強制力はなく，監査役会のない単層制度を選択しても良い。企業は一度，2層制度を選択しても，またもとの単層制度に戻ることもできる。ドイツの場合と異なる点は，監査役会に法定による従業員代表の参加者がいないことであ

補論　フランスの企業と経営

る。というのは，経営者団体も労働組合も共同決定に反対しているからである。現在のところ，2層制度を採用している企業は，巨大企業を除くと少ない。

　日本の経営管理システムの中からは，現地研修制度，本社研修制度，QCサークル，現場提案制度，労使協議制度を導入するフランス企業が増大している。しかしながら，フランスでのQCサークルの導入は困難を伴う。なぜならば，その産業の労働協約で，職務，仕事の責任，賃金が決定されているため，QCサークルを労働時間内，または時間外に行っても，行わなくても，従業員の処遇が難しいからである。また，生産性向上に対する責務を労働者が負っていないことにも一因がある。

　在日フランス企業の中には，給与や昇進のシステムに個人管理を導入し，フランス的経営を行っている企業もある。とりわけ日本人の女性従業員の中には，このシステムは，仕事へのモチベーションを高めるため魅力的に映る者もいる。フランスでは権力関係の明確な職階制を求め，仕事の分担を明白に線引きする。フランス企業の意思決定はトップ・ダウンに近い。組織では個人プレーや積極性が尊重される。専門性の高い独創的な個人企業や中小企業に，このようなフランス企業の特質が表れている。フランスでは個人の利益の合計が集団の利益であり，日本では集団の利益が平均的な個人の利益となる傾向がある。しかし，個人の能力を発揮させ，効率的な組織を構築して，企業の業績を高めるという点では，日仏企業の方針は一致している[19]。

　フランス企業の経営管理やプロジェクト管理には，「バランス・スコアカード」に当たる「タブロー・ド・ボール (tableaux de bord)」という経営指標が活用されている。

　「バランス・スコアカード」は，企業の戦略を具体的に実現するための業績評価システムである。これは財務評価だけでなく，顧客，製品，市場，ビジネス・プロセスなどの視点を加えたシステムである。近年，キャプランらが提唱した「バランス・スコアカード」は，フランスでは古くから「タブロー・ド・ボール」として活用されており，それを英語で言い換えたにすぎないとフランスでは言われている。日本においても，これは，TQCでの「方針管理」でこ

れまで行われてきたものである[20]。

「タブロー・ド・ボール」の具体例を，フランスの自動車部品メーカーのヴァレオのケースで見てみる。ヴァレオは，グローバルに活動し，多様なモジュール部品を多くの自動車メーカーに提供する大規模部品メーカーである。ヴァレオのセキュリティ・システム部門のプロジェクト管理では，「タブロー・ド・ボール」に，販売予測，製品ごとの業績数値，損害や成果の予測，利益分析を記載する。販売予測は，予算の再評価を可能にする。フランスの中小企業が作成する「タブロー・ド・ボール」の78％に，このような予測が含めらている。その他に，コスト削減計画を載せる場合もある。プロジェクト活動の場合，特にその活動の質や時間，成果が重要となる。したがって，自動車産業や情報産業のプロジェクトの場合，財務的指標以外のものも加えた総合評価が必要となる。

経営管理で活用される「タブロー・ド・ボール」では，株の下落予測や，租税の一括払い，他のリスク等も考慮に入れる。さらに，従業員等に関する指標も加えて，最終的に経営者に向けて，財務部門長の総括がここに記載される[21]。

4 フランス自動車産業の発展と再編成

現在，フランスの自動車産業にはルノーとＰＳＡ（プジョー・シトロエン）の2グループが存在する。しかし，この2グループになるまで，ルノー，プジョー，シトロエン，シムカ，タルボ，パナール，欧州クライスラーなどの独立した自動車メーカーが存在したが，次第に再編成されて現在に至った。

1919年～1939年のフランスでは，図表補－2で示されるように，シトロエン，ルノー，プジョー，シムカが自動車の生産を行っていた。この時代は，シトロエンの強さが目立った時代であった。

シトロエンは，革新的な企業であったが，財務体質が脆弱であった。1974年にシトロエンはプジョーに買収されてしまったが，ＰＳＡを持株会社とする一事業会社として，現在も自動車を生産している。

補論　フランスの企業と経営

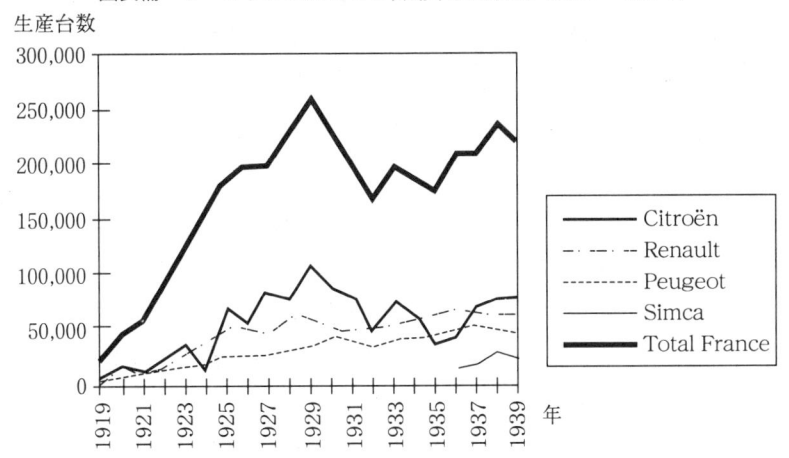

図表補－2　フランスにおける自動車生産台数（1919～1939年）

(出所)　Broustail, Joël et Greggio, Rodolphe, *Cirtoën Essai sur 80 ans d'antistratégie,* Vuibert, 2000, p. 211.

シトロエンは設立から現在まで，3つの時期に大別される。最初は，(1)アンドレ・シトロエン（ブランドの創設者）の時代（1919～1934年）。次は，(2)ミシュラン支配の時代（1934～1974年）。この時代のシトロエンは，20年～30年先取り

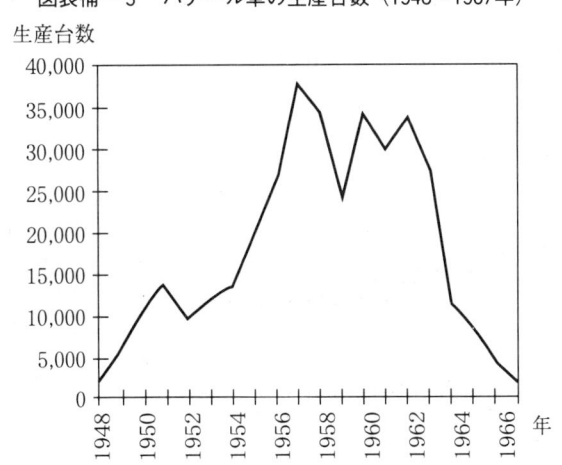

図表補－3　パナール車の生産台数（1948～1967年）

(出所)　Broustail, Joël et Greggio, Rodolphe, op. cit., p. 213.

187

したアヴァンギャルドな技術とデザインが特徴的であった。1965年に，シトロエンはパナールを買収した。戦前，パナールは高級車を製造していたが，戦後は，小型車に転向していた。しかしながら，図表補－3に示されるように，1967年にパナール車の製造が中止された。(3)プジョーのもとでのシトロエン（1974年～現在）。

1973年に，シトロエンの売上高利益率が石油危機が原因で，－15％に落ち込んだ。シトロエンの大型車が販売不振になったからである。ルノーとシムカは小型車，中型車中心であった。プジョーもそれらのセグメントに強く，ディーゼル・エンジンも活用できた。ミシュランは，結局，自動車事業をやめることとなり，プジョーにシトロエンを売却した。

クライスラーは1960年代，GMやフォードの後を追って，国際化を始めた。ヨーロッパで，クライスラーはフランスのシムカを管理下に置いた。しかし，クライスラーとシムカの2つのブランドは，消費者を混乱させることになった。そのうち，クライスラーの経営が困難になり，1978年に，クライスラーはPSAに買収された。しかし，買収後も経営がうまくいかなかった。PSAの幹部は，クライスラーヨーロッパのマークをフランスでは，タルボに変えた。タル

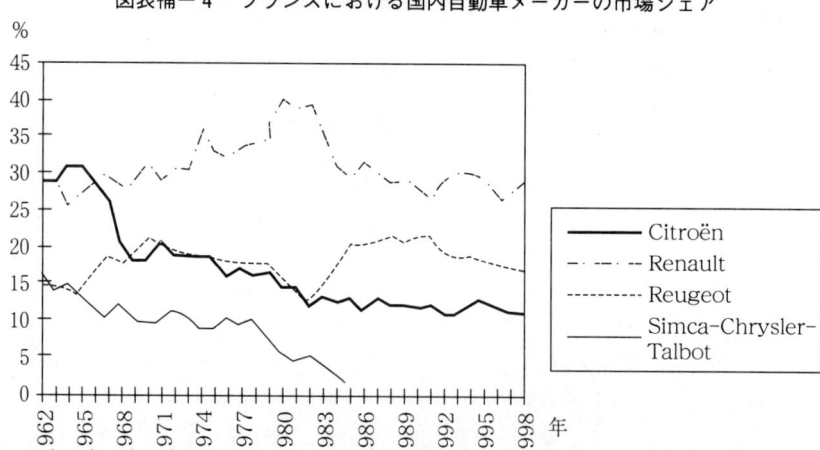

図表補－4　フランスにおける国内自動車メーカーの市場シェア

（出所）Broustail, Joël et Greggio, Rodolphe, op. cit., p. 213.

ボは，シムカが50年代に買収した会社で，スポーティな高級車を製造していた。PSAによる最初のタルボは平凡なファミリーカーとして発売された。しかし，数か月間は，シムカ，クライスラー，タルボの3つのブランドが共存していた。その後，PSAはプジョーとタルボの販売網を一緒にして，実質的にはタルボの販売網を廃止した。その後のタルボ車の販売も不振であり，1978年には，市場シェアが10.2％，1980年には6％，1985年には1.2％となった。そして，図表補－4のように，1985年でフランスにおけるシムカ，クライスラー，タルボのブランドは消滅した[22]。

以上のように，PSAに，シトロエン（パナールを吸収）とクライスラー・シムカ・タルボが吸収された。そして，現在，フランス自動車メーカーとして，ルノーとPSA（プジョー・シトロエン）の2グループのみが生き残っているのである。

5　フランス大企業の強みと弱み

フランス大企業の弱点は，グランゼコールを卒業したエリートが，平社員を経ないで直接，幹部になるため，現場での経験を持っておらず，戦略にかたよった経営を採用しがちなことである。経営トップは，工場の生産性について経験の裏付けがなく，乏しい知識しか持ち合わせていない。財務部長が，次期CEOになることが多く，収益性重視の財務偏重経営が行われることになる。

逆に，日本企業の強みは，平社員，課長，部長という段階を経て経営トップになることが一般的であるため，経営トップが現場経験豊かなことである。日本では創業者一族であっても，まず平社員からキャリアを始めることが多く，現場知識を獲得できる。部長になっても作業着を着て現場を回ることが多く，現場や工場の生産性に対して，深い理解がある。これが，品質，コスト，納期といったものづくりの競争力につながっている。しかし，日本企業の強みは，弱みにもつながる。つまり，経営トップが現場から離れた大所から，経営や戦略を大胆に考えるのが不得手であり，現場からの積み上げ的なリーダーシップ

をとりがちになる。

 ルノーと日産の資本提携で，ルノー側が危惧したのは，企業文化の差であった。日本企業のコンセンサスによる意思決定方式では，だれが意思決定権を持っているのかが分からない。ゴーンは，フランス企業が得意とする大胆かつ明確な戦略を日産の社員に提示した。ゴーンは，全員に再生計画を説き，工場閉鎖等のリストラがなぜ必要なのかを理解させることができた。

 逆に日本企業が，フランスに進出した場合，摩擦を生むことが多い。たとえば，日本人のトップが工場で日本式にフランス人作業者と同じ作業服を着ることが多いが，これは，現地人に不評である。なぜならば，フランスでは経営トップは背広を着て戦略を練り，ブルーカラーはそれに従うのが義務であると考えているからである。日本式の慣行は，むしろトップへの尊敬が損なわれ，不信感につながる。このように，自国では当たり前と考えられていた慣行が，現地では受け入れられなかったり，逆に工場内の素晴しい改革につながったりする。しかし，無用な摩擦を避けるためには，現地人になぜそのやり方が必要なのかを良く説明し，理解させることが必要であろう。

 図表補-5に示されているように，日仏のキャリア・パスの相違が，企業の競争力をどこから高めるかに影響を及ぼしている。日本では，まず作業現場での組織能力を高め，生産性を高める。それが自然に製品の品質，価格，納期といった競争力につながっていく。次に，製品の差別化をするために，製品の表面的なデザインに重点を置くようになる。日本の自動車産業においても，デザインに重点を置き出したのは最近のことであり，それまでは，さほどデザイン面での競争力が高くなかった。そして，最後に，経営トップは製品の競争力に見合ったグローバル化や提携などの企業戦略を考えていく。このように，経営トップになるためのキャリア・パスが現場から始まるのと同様に，企業の競争力も現場からまず高まっていく。

 フランスでは，経営トップになる者は，グランゼコール出身者が多く，いきなり部長や社長になってしまう。彼らは，現場での経験を持たずにキャリアを形成する。したがって，企業の競争力も日本企業とは逆の過程から高まってい

補論　フランスの企業と経営

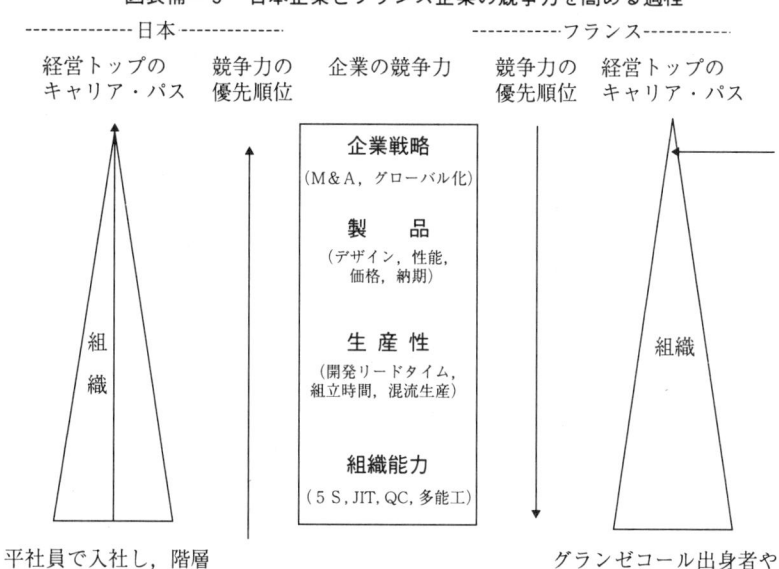

図表補−5　日本企業とフランス企業の競争力を高める過程

```
-------- 日本 --------                         -------- フランス --------
経営トップの    競争力の    企業の競争力    競争力の    経営トップの
キャリア・パス   優先順位                   優先順位    キャリア・パス
```

企業戦略
（M&A，グローバル化）

製　品
（デザイン，性能，
価格，納期）

生産性
（開発リードタイム，
組立時間，混流生産）

組織能力
（5S，JIT，QC，多能工）

組織（日本側）　　　　組織（フランス側）

平社員で入社し，階層を上り詰めて行く。

グランゼコール出身者や天下り官僚が，直接，経営幹部やトップになる。

く。すなわち，経営トップは，まず企業の戦略を大所から大胆に考える。次に，製品に使われている技術よりも，表面的なデザインに目が行く。最後に，品質，コスト，納期に深く関連している工場の生産性や組織能力に関心を持つ。しかし，経営トップは，トヨタ生産方式を理論上分かっていても，現場を良く理解していないため，それを実行するのに困難を伴う。それが，フランス自動車メーカーの組立生産性の競争力にも反映されている。

　イギリスの調査会社であるエコノミスト・インターナショナル・ユニッツ（ＥＩＵ）によると，1997年の自動車工場生産性ランキングでは，ルノーの工場は初めて，9位と10位に入った。ルノーは，工場の生産性が低いのを自覚しており，その強化対策として，生産現場にトヨタ生産方式を導入しようとした。ルノーの「フラン工場」は，生産設備の自動化とＪＩＴの導入によって，製造コストを削減した。かつては1か月近く製造ラインの横にあった在庫が，現在では，約2日分しかない。また，ＪＩＴで運ばれてくる部品の納入口を工場に

8箇所設けて，運搬コストと時間を短縮した。さらに，サプライヤーの能力を活用しようとして，モジュール化を推進している[23]。

一方，日本の自動車メーカーの工場生産性は，図表補－6に示されているように高く，現場の国際競争力を証明している。これは，2004年に，米自動車コンサルティング会社ハーバー・コンサルティングによって，北米地域の自動車工場の生産性を比較したものである。製造時間は，車1台当たりのプレス，組み立て，エンジン生産に要する時間である。労働生産性が高いトヨタは，ビッグスリーよりも1台当たり350〜500ドルのコストの節約がなされている。

図表補－6　北米における自動車工場の生産性の比較

自動車メーカー	製造時間
1位　トヨタ	27.9
2位　日　産	29.4
3位　ホンダ	32.0
4位　Ｇ　Ｍ	34.3
5位　クライスラー	35.9
6位　フォード	37.0

（出所）日本経済新聞，2005年6月3日付。

ルノーの会長シュバイツァーも，ＣＥＯのカルロス・ゴーンも経営幹部としてルノーに入ってきた。したがって，彼らはこれまでの組織のしがらみにとらわれず，大胆な戦略を実行できた。シュバイツァーは，日産との提携や韓国のサムソン自動車の買収を行った。カルロス・ゴーンは，1996年にルノーの上席副社長に就任し，ベルギー・ビルボルド工場の閉鎖を断行した。

ルノーは，もともと政府との関係が強い企業であった。第2次大戦に，ドイツに協力したことを問われて，戦後に国有化されルノー公団となった。1990年，国有株式会社となり，1994年からフランス政府が保有株を売却し出した。フランス政府がルノーの株を50％以上放出し，ルノーが民営企業になったのは，1996年のことである。

ルノーが日産と資本提携をした時，ルノーの側から見た日産の印象は，品質の高さ，工場生産性の高さ，集団主義，大部屋といったルノーに欠如していた

現場の強みであった。逆に，収益性の低さ（1999年，43車種のうち黒字は4車種のみ），デザインの悪さ（これまでの手直し，ライバルの模倣），戦略の欠如といった弱みも発見した[24]。これは，フランス企業と日本企業において，どこから競争力を高めてきたかという議論を，まさに具現化しているようである。

さて，日仏の企業の強み，弱みを，経営幹部のキャリア・パスとの関連で議論してきた。フランス政府や官僚の影響力が，自動車メーカーよりも小さい自動車部品メーカーの競争力を考察することにする。

自動車部品メーカー（電装部品等）のヴァレオは，フランスでは業界1位，世界では10位の企業である。ヴァレオは，売上高が90億ユーロであり，従業員7万人を擁し，45か国に進出し130の工場を保有しており，世界の自動車メーカーと取引関係がある。2001年から，会長兼CEOを勤めているThierry Morinは，パリ第9大学（IX-Dauphine.）の経営学の修士号を持っている。彼はグランゼコールの出身ではなく，1989年にヴァレオに入社して財務部長，副会長を経て現職についたのであり，典型的なエリートではない。

自動車部品の業界は，市場での競争が激しい分野であり，国からのサポートよりも，むしろ経営トップの戦略が企業の生き残りを制する。戦略の作成・実行が非常にスピーディになされており，企業の成長性も高い。このような業界では，高級官僚出身のエリートを経営トップに据えても，うまく適合できないと思われる。

ヴァレオは，システム部品やモジュール部品を自動車メーカーに供給している。ヴァレオでは，1995〜1998年はフロントエンド・モジュールの供給の第1段階に当たり，第2段階は1999〜2000年，現在は第3段階に当たる。初めてフロントエンド・モジュールを供給したのはプジョーの405に対してであり，ベンチマークはフォルクスワーゲンのモジュール部品である。ヴァレオは，順序を決めて組立ラインにモジュール部品を納入するために，様々な学習をしてきた。現在，車にモジュール部品を組み付ける1時間前に，取引先の自動車メーカーから正確な部品仕様の知らせを受けている。現在，7か国に250万個のモジュールを供給しており，1日に1,800のフロントエンド・モジュールを供給

している。ヴァレオの組立作業員は完成車メーカーの工場内で働いている。その際，自社と完成車メーカーとの間で責任範囲の問題が生じている。ある自動車メーカーは，納入や組み付けの責任しか，ヴァレオに負わせない。またある自動車メーカーは，責任を全部ヴァレオに押し付けてくる。たとえば，2次下請けの選択とか，設備投資への参加や物流計画への参加などである。ヴァレオにとって最も困るのは，責任があると考えていたのに，経営資源を使った後に責任がないのが分かった場合である。その場合，使った費用に対する見返りがなくなる。今日，あるグローバル・サプライヤーは，そのようなタイプのプロジェクトに参加して破綻している。

　ヴァレオがモジュール戦略を推し進めるのは，第1に，モジュール部品を供給することによって，1次サプライヤーとして生き残れるし，自動車メーカーと直接的なコンタクトもとれるためである。第2に，単品の改良から来る収益は限られており，製品を再認識して，差別化するためには革新的なモジュールが必要になるからである。第3に，モジュール部品の開発に際し，外部知識を吸収したり，他社から学習できるためである。フロントエンド・モジュールの開発は，ヴァレオの開発部門内で行うか，納入先の自動車メーカーで，デザイン・インを行っている。自動車メーカーは，多くの場合，4年間で約2～4台の新車開発を行い，ヴァレオは約40のモジュールを開発している。納入に失敗する場合もあるが，ヴァレオではほとんどすべての自動車を「リバース・エンジニアリング」によって分解し，6～7か月かけて，今日の自動車はどのようなモジュールによって構成されているのかを学習している。北米の自動車メーカーは非常に組織が階層化されており，1つの判断を求めるのに，30人も説得しなければならない場合もある。しかしながら，自動車メーカーとの情報共有が大切であることは言うまでもない[25]。

　ヴァレオでは，現場での取引先との情報共有や学習が業績に直結してくる分だけ，現場に対するトップの理解が深く，かつ現場の競争力も高いと思われる。

補論　フランスの企業と経営

6　おわりに

　フランスでは，日本以上に官僚主導型の経済体制を採っている。ひとたび，大企業の経営者が変革を決断し，それを実行しようとすると，国がそれをサポートしてくれる。たとえば，フランス政府は，日本車の輸入台数をフランス国内の新車登録台数の3％以下にするという措置を採り，強力に自国の自動車メーカーをバックアップしてきた。このような企業と政府の関係は，市場での自由な競争という観点からは批判されるべきものかもしれない。しかし，イギリスでは，もはや自国の自動車メーカーがなくなってしまったことを考えると，フランスの産業政策について一考する価値があろう。フランスはエリート教育にも成功しており，コンコルド，エアバス，TGV，そしてインターネットよりも先行したミニテル，原子力，宇宙開発などに見るように，独創的な技術を開発できるとび抜けた能力を持つ技術者を輩出する底力を秘めている。

　ひるがえって日本企業を見ると，労使協調の下に，組織内で日々の改善活動の中から一歩一歩，企業の競争力を高めていこうとしている。フランス企業は，強力な国のバックアップを受けながらも，自力で現場の弱みを，他社から学習して補おうとしている。たとえば，フランスの自動車メーカーは，生産現場における競争力のなさ，そして日本の生産方式の強さを十分に認識したからこそ，JITに代表されるトヨタ生産方式を導入したのである。また，コーポレート・ガバナンスを改革することによって，会長兼最高経営責任者への権力の集中を是正しようとしている。

　このように，フランスの大企業は，官僚主導型であっても，自社の弱みを認識して，他社から学習しようとする判断力とバランス感覚がある限り，国際競争力を持つことができるような経営を行っていけるものと思われる。

(注)

1) Safir, A. et al., *Avantage France,* Village Mondial, 1999, pp. 71～72.
2) 原輝史編『フランスの経済』早稲田大学出版部，1993年，33～48ページ.
3) 日本経済新聞，2001年1月15日付.
4) 日本経済新聞，2001年1月22日付.
5) 吉森賢『フランス企業の発想と行動』ダイヤモンド社，1984年，82～140ページ.
6) 酒井甫，齊藤毅憲編著『イントロダクション国際経営』文眞堂，2000年，50～51ページ.
7) http://www.jil.go.jp/kaigaitopic/2000－03/furansu P03.htm
8) http://www.jil.go.jp/kaigaitopic/2000－03/furansu P01.htm
9) 日本経済新聞，2001年3月23日付.
10) Donckels, R. et al., Les entreprises familiales sont-elles reellement differentes ?, in Fondation Roi Baudouin, *Pleins Feux sur les P.M.E.,* Bruxelles, Roularta Books, 1993, p. 35.
11) Safir, A. et al., op. cit., pp. 71～72.
12) Safir, A. et al., ibid., p. 118
13) Les repreneurs d'entreprises, *INSEE PREMIERE,* No. 509, fev. 1997, Bonneau, Jacques, INSEE.
14) Wtterwulghe, R., *La P.M.E.* De Boeck Université, 1998, pp. 27～28.
15) http://www.jfea.or.jp/kantyo/tsuusan/hakusyo1/hakusyo1.htm
16) Le dynamisme des petites entreprise internautes, Rivière Pascal, Insee, *INSEE PREMIERE,* No. 668, juil. 1999.
17) Wtterwulghe, R., op. cit., p. 50.
18) Safir, A. et al., op. cit., pp. 71～72.
19) 日仏経営シンポジウム成果刊行委員会編『日仏企業の経営と社会風土』文眞堂，1999年，33ページ.
20) 門田安弘「パリ第9大学ブッカン教授と日仏米の管理会計を論ずる」日本管理会計学会誌，管理会計学2001年第9巻第2号，78ページ.
21) 20em Congrès AFC Bordeaux 1999. Wilfried AZAN, Le controle de projet face au controle de gestion, l'emergence d'une vision des coûts dans les systèmes de controle: les cas de VALEO et FARMAN, *CD－ROM. AFC,* 1999.
22) Broustail, J. et al., *Citroën Essai sur 80 ans d'antistratégie,* Vuibert, 2000, pp. 68～69 et 123～124.
23) 日経ビジネス編「ゴーンが挑む7つの病」日経BP社，2000年，158～159ページ.
24) カルロス・ゴーン，フイリップ・リエス著，高野優訳『カルロス・ゴーン経営を語る』日本経済新聞社，2003年，221～229ページ.
25) François Fourcade, Modularisation du produit autmobile et stratégies des équipementiers, *Revue Française de Comptabilité,* N. 374, fevrier 2005, pp. 40～47.

[参考文献]

青木昌彦, 奥野正寛『経済システムの比較制度分析』東京大学出版会, 1997年。
青島矢一「製品アーキテクチャーと製品開発知識の伝承」ビジネスレビュー, Vol.46, No.1, 1998年8月。
アクセンチュア調達戦略グループ『強い調達』東洋経済新報社, 2007年。
麻田孝治『戦略的カテゴリーマネジメント』日本経済新聞社, 2004年。
浅沼萬里「自動車産業における部品取引の構造：調整と革新的適応のメカニズム」『季刊現代経済』夏季号, 1984年, 38～48ページ。
浅沼萬里『日本の企業組織 革新的適応のメカニズム』東洋経済新報社, 1997年。
有村貞則『ダイバーシティ・マネジメントの研究』文眞堂, 2007年。
池原照雄『トヨタ vs. ホンダ』日刊工業新聞社, 2002年。
井上達彦「＜EDIインターフェースと企業間の取引形態＞の相互依存性－競争と強調を維持するオープンかつ密接な関係－」組織科学, Vol.36, No.3, 2003, 74～91ページ。
岩城宏一『実践トヨタ生産方式』日本経済新聞社, 2005年。
浦川卓也『新商品構想力』ダイヤモンド社, 2003年。
HMSコンソーシアム編『ホロニック生産システム』日本プラントメンテナンス協会, 2004年。
H・トーマス・ジョンソン, アンデルス・ブルムズ著, 河田信訳『トヨタはなぜ強いのか』日本経済新聞社, 2002年。
大月博司『組織変革とパラドックス』同文舘出版, 2005年。
岡田依理『知財戦略経営』日本経済新聞社, 2003年。
岡室博之「部品取引におけるリスク・シェアリングの検討－自動車産業に関する計量分析－」『商工金融』45巻7号, 1995年, 4～23ページ。
籠屋邦夫『選択と集中の意思決定』東洋経済新報社, 2000年。

カルロス・ゴーン，フィリップ・リエス著，高野優訳『カルロス・ゴーン経営を語る』日本経済新聞社，2003年。

黒川文子「ルノーの経営戦略　－製品開発と組織変革について－」日仏経営学会誌，第13号，1996年，67～89ページ。

黒川文子『製品開発の組織能力』中央経済社，2005年。

酒井甫，齊藤毅憲編『イントロダクション国際経営』文眞堂，2000年。

ジェフリー・K・ライカー著，稲垣公夫訳『ザ・トヨタウェイ上・下』日経BP社，2004年。

柴田昌治，金田秀治『トヨタ式最強の経営』日本経済新聞社，2001年。

下野由貴「サプライチェーンにおける利益・リスク分配：トヨタグループと日産グループの比較」組織科学，Vol.39, No.2, 2005, 67～81ページ。

下野由貴「サプライチェーンのプロフィット・リスクシェアリング－自動車部品取引における日欧比較－」2006年度組織学会研究発表大会報告要旨集, 273～276ページ。

高巌，日経CSRプロジェクト編『CSR企業価値をどう高めるか』日本経済新聞社，2006年。

高木晴夫『トヨタはどうやってレクサスを創ったのか』ダイヤモンド社，2007年。

田中道雄『フランスの流通』中央経済社，2007年。

手島歩三『「気配り生産」システム』日刊工業新聞社，1994年。

ピーター・ウェイル，マリアン・ブロードベント著，マイクロソフト株式会社コンサルティング本部監訳『ITポートフォリオ戦略論』ダイヤモンド社，2003年。

日仏経営シンポジウム成果刊行委員会編『日仏企業の経営と社会風土』文眞堂，1999年。

日経産業新聞編『「超テク」誕生ニッポンの現場』日本経済新聞社，2005年。

日経ビジネス『日本型リエンジニアリング』日本経済新聞社，1994年。

日経ビジネス編『ゴーンが挑む7つの病』日経BP社，2000年。

参考文献

日本経済新聞社編『トヨタ国富論』日本経済新聞出版社，2007年。

日本政策投資銀行「調査　使用済み自動車リサイクルを巡る展望と課題」No. 36，2002年3月。

野中郁次郎，嶋口充輝『経営の美学』日本経済新聞出版社，2007年。

野原光『現代の分業と標準化』高菅出版，2006年。

延岡健太郎『MOT［技術経営］入門』日本経済新聞出版社，2006年。

原輝史編『フランスの経済』早稲田大学出版部，1993年。

原輝史編『EU経営史』税務経理協会，2001年。

一橋大学イノベーション研究センター編『イノベーション・マネジメント入門』日本経済新聞社，2001年。

福島美明『サプライチェーン経営革命』日本経済新聞社，1998年。

藤井敏彦，海野みずえ編著『グローバルCSR調達』日科技連出版社，2006年。

藤井敏彦『ヨーロッパのＣＳＲと日本のＣＳＲ』日科技連出版社，2005年。

藤井良広，原田勝広『ＣＳＲ優良企業への挑戦』日本経済新聞社，2006年。

藤本隆宏，西口敏宏，伊藤秀史編『サプライヤー・システム』有斐閣，1998年。

藤本隆宏『能力構築競争』中公新書，2003年。

藤本隆宏『生産・技術システム』八千代出版，2003年。

藤本隆宏『日本のもの造り哲学』日本経済新聞社，2004年。

ホルガー・アペル，クリストフ・ハイン著，村上清訳『合併』トラベルジャーナル，1999年。

松田修一監修，早稲田大学ビジネススクール著『日本再生：モノづくり企業のイノベーション』生産性出版，2003年。

水尾順一，田中宏司『CSRマネジメント』生産性出版，2006年。

宮崎修行著『統合的環境会計論』創成社，2001年。

森田道也『サプライチェーンの原理と経営』新世社，2004年。

門田安弘「パリ第9大学ブッカン教授と日仏米の管理会計を論ずる」日本管理会計学会誌，管理会計学2001年第9巻第2号。

門田安弘『トヨタプロダクションシステム』ダイヤモンド社，2006年。

山田太郎『製造業のPLM・CPC戦略』日本プラントメンテナンス協会，2002年．
吉森賢『フランス企業の発想と行動』ダイヤモンド社，1984年．
吉森賢『経営システムⅡ，経営者機能』財団法人放送大学教育振興会，2006年．
欒斌『技術移転・発展と中核能力形成に関する研究』大学教育出版，2007年．

Anderson, J. et al., Issues in New Product Development in the Automotive Industry: A View from the Components Suppliers, *6th International Product Development Management Conference Proceeding,* 1999.

Asanuma, B. & T. Kikutani, Risk absorption in Japan and the concept of relation specific skill, *Journal of the Japanese and International Economies,* 6, 1992, pp. 1〜29.

AZAN, Wilfried, 20em Congres AFC Bordeaux 1999. Le controle de projet face au controle de gestion, l'emergence d'une vision des couts dans les systemes de controle: les cas de VALEO et FARMAN, *CD-ROM. AFC,* 1999.

Balakrishnan, A., Joseph Geunes and Michael S. Pangburn, Coordinating Supply Chains by Controlling Upstream Variability Propagation, *Manufacturing & Service Operations Management,* Vol. 6, No. 2, Spring 2004, pp. 163〜183.

Blackhurst, J., Tong Wu, Peter O'Grady, PCDM: a decision support modeling methodology for supply chain, product and process design decisions, *Journal of Operations Management,* Vol. 23, 2005, pp. 325〜343.

Bonneau, Jacques, Les repreneurs d' entreprises, *INSEE PREMIERE,* No. 509, fev. 1997.

Bragd, A. *Knowing Management,* BAS Publisher, 2002.

Brethauer, D. *New Product Development and Delivery,* AMACOM, 2002.

Broustail, J. et al., *Citroën Essai sur 80 ans d'antistratégie,* Vuibert, 2000.

Brown, J. S., Duguid, P. *The Social Life of Information,* Boston, Massachusetts, Harvard Business School Press, 2000.

参考文献

Brown, S. edited, *Europe's Automotive Future,* Financial Times Automotive, 1999.

Cao, Q. and Shad Dowlatshahi, The impact of alignment between virtual enterprise and information technology on business performance in an agile manufacturing environment, *Journal of Operations Management,* Vol. 23, Issue 5, July 2005, pp. 531~550.

Caputo, M. et al., New Product Development Strategy might induce a Migration of Competencies from OEMs to Suppliers: The Case of the Automotive Industry Suggest Counter Actions, *6th International Product Development Management Conference Proceeding,* 1999.

Carr, N. G. *The Digital Enterprise,* A Harvard Business Review Book, 1999.

Christensen, W. J., Richard Germain and Laura Birou, Build—to—order and just-in-time as predictors of applied supply chain knowledge and market performance, *Journal of Operations Management,* Vol. 23, Issue 5, July 2005, pp. 470~481.

Cooper, R. G. *Winning at New Products,* Cambridge, MA: Perseus Publishing, 2001.

Corso, M. From Product Development to Continuous Product Innovation: Mapping the Routes of Corporate Knowledge, *International Journal of Technology Management forthcoming,* See IJMR, Vol. 3, Iss. 4, 2001, pp. 341~352.

Crawford, M. and Di Benedetto, A. *New Product Management,* Boston: MacGraw—Hill, 2003.

Dewberry and Goggin, Spaceship Ecodesign, *Co-Design,* 1996, pp. 12~17.

Donckels, R. et al., Les entreprises familiales sont-elles reellement differentes?, in Fondation Roi Baudouin, *Pleins Feux sur les P. M. E.,* Bruxelles, Roularta Books, 1993.

Foudriat, M. *Sociologie des organisations,* Pearson Education, 2007.

Fourcade, F. Modularisation du produit automobile et stratégies des équipementiers, *Revue Française de Comptabilité*, N. 374, fevrier 2005, pp. 40~47.

Gunasekaran, A. and E. W. T. Ngai, Build-to-order supply chain management: a literature review and framework for development, *Journal of Operations Management*, Vol. 23, 2005, pp. 423~451.

Harrison, N. and Samson, D. *Technology Management: Text and International Cases*, New York: McGraw-Hill, 2002.

Hawken, P., Lovins, A., Lovins, L. H. *Natural Capitalism. Creating the next Industrial Revolution*, Boston: Little, Brown and Company, 1999.

Henderson, K. *On Line and On Paper: Visual Representations, Visual Culture, and Computer Graphics in Design Engineering*, Boston: MIT Press, 1999.

Hicks, Diana, Asian countries strengthen their research, *Issues in Science and Technology Online*, Summer, 2004.

Holweg, M., Stephen M. Disney, Peter Hines, Mohamed M. Naim, Towards responsive vehicle supply: a simulation-based investigation into automotive scheduling systems, *Journal of Operations Management*, Vol. 23, Issue 5, July 2005, pp. 507~530.

Kimzey, C. H. and Kurokawa, S. Technology outsourcing in the U. S. and Japan, *Research-Technology Management:* July-August, 2002, pp. 36~42.

Kono, T. and Clegg, S. *Trends in Japanese Management: Continuing Strength, Current Priorities and Changing Priorities*, Hampshire, UK: Palgrave, 2001.

Kono, T. & Leonard Lynn, *Strategic New Product Development for the Global Economy*, palgrave Macmillan, 2007.

Kotler, P. *Marketing Management*, New Jersey: Prentice-Hall, 2002.

Kunda, G. Foreword. In Rosen, M. *Turning Words, Spinning Worlds*, Amsterdam: Harwood Academic Publishers, 2000.

参考文献

Lee, H. The Triple-A Supply Chain, *Harvard Business Review*, October 1, 2004.

Lieberman, M. B. and Asaba, Inventory Reduction and Productivity Growth: A Comparison of Japanese and US Automotive Sectors, *Managerial and Decision Economics*, Vol. 18, 1997, pp. 78~85.

MacMillan, I. and McGrath, R. G. Nine new roles for technology managers, *Research — Technology Management*, May/June, 2004, pp. 16~26.

Mankins, M. C. and Steele, R. Stop making plans, start making decisions, *Harvard Business Review 84*, January, 2006, pp. 76~84.

McGrath, M. E. *Product Strategy for High-Technology Companies*, New York: McGraw—Hill, 2001.

McKendrick, D. G., Doner, R. E. and Haggard, S. *From Silicon Valley to Singapore*, Stanford, CA: Stanford University Press, 2000.

Miller, E. D. *Car Cultures*, Berg: Oxford, New York, 2001.

Mugnier, H. *Art et management*, Les Editions DEMOS, 2007.

Mukhopadhyay, S. K. and Robert Setoputro, Optimal return policy and modular design for build-to-order products, *Journal of Operations Management*, Vol. 23, Issue 5, July 2005, pp. 496~506.

Muller, A. Global versus Local CSR Strategies, *European Management Journal*, Vol. 24, Nos. 2—3, April~June 2006, pp. 189~198.

Narayanan, V. K. *Managing Technology and Innovation for Competitive Advantage*, Upper Saddle River, NJ: Prentice—Hall, 2001.

Nonaka, I. and Nishiguchi, T. *Knowledge Emergence: Social, Technical, and Evolutionary Dimensions of Knowledge Creation*, New York: Oxford University Press, 2001.

Papin, R. *Stratégie pour la Création d'Entreprise*, DUNOD, 2007.

Pearson, A. E. Tough-minded ways to get innovative, *Harvard Business Review*, Special Issue on the Innovative Enterprise, August 2002, pp. 117~

124.

Porter, M., Takeuchi, H., Sakakibara, M. *Car Japan Compete ?* London: Macmillan Press Ltd, 2000.

Prahalad, C. K. *The Fortune at the Bottom of the Pyramid,* Upper Saddle River, NJ: Wharton School Publishing, 2006.

Riviere, Pascal, Le dynamisme des petites enterprises internautes, *INSEE PREMIERE,* No. 668, juil. 1999.

Roy, R. and R. C. Whelan, Successful Recycling Through Value-Chain Collaboration, *Long Range Planning,* 1992.

Safir, A. et al., *Avantage France,* Village Mondial, 1999.

Schweitzer, L. *Mes Années Renault,* Gallimard, 2007.

Shockley—Zalabak, P. & Burmester S. B. *The Power of Networked Teams,* Oxford University Press, 2001.

Sirkin, T. and Houten, M. T. The Cascade Chain, *Resources, Conservation and Recycling,* 1994.

Urban, G. L. & Hauser, J. R. *Design and Marketing of New Products,* Prentice Hall International Inc., 1993.

Welch, Jack, *Straight from the Gut,* New York: Warner Books, 2001.

Weng, Z. K. & Mahmut Parlar, Managing build-to-order short life-cycle products : benefits of pre-season price incentives with standardization, *Journalof Operations Management,* Vol. 23, Issue 5, July 2005, pp. 482~495.

Wtterwulghe, R. *La P. M. E.,* De Boeck Université, 1998.

[初 出 一 覧]

第1章 「わが国自動車産業のIT化と組織能力－製品開発と受注生産を中心にして－」『情報科学研究』（獨協大学情報センター）第22号，2004年12月。

第2章 「受注生産サプライチェーンを効率化する製品アーキテクチャ」『情報科学研究』（獨協大学情報センター）第23号，2006年2月。

第3章 「自動車産業における効率的なサプライチェーン」『情報科学研究』（獨協大学情報センター）第24号，2007年2月。

第4章 「ルノーの国際的展開－CSR戦略を中心として－」書き下ろし。

第5章 「社会環境問題と製品開発」書き下ろし。

第6章 「自動車メーカーとサプライヤーの取引関係の変遷と今後の展望－製品開発を中心として－」『千葉経済論叢』（千葉経済大学）第22号，2000年7月。

補論 「フランスの企業と経営」高橋俊夫監修，伊藤正信，佐々木聡編著『比較経営論 アジア・ヨーロッパ・アメリカの企業と経営』税務経理協会，2002年4月に一部追加。

索　引

【欧文等】

ABVolvo ……………………103
Action directe………………116
Batilly工場 …………………116
CAD …………………………14
CAM …………………………14
CATIA ………………………15
CCC21 ………………………20
CGT（Confédération générale du travail：労働総同盟）………111
CSR（Corporate Social Responsibility：企業の社会的責任）………99
CSR調達 ……………………100
CSRの格付機関 ……………104
CVCCエンジン ……………132
Dacia …………………………103
Dieppe工場 …………………116
EC統合 ………………………176
ENA（国立行政学院）………177
EU（欧州連合）………………100
EU統合 ………………………176
Flins工場 ……………………116
FO（Force ouvriere：労働者の力）……116
GM ……………………………150
GRI（Global Reporting Initiative）……101
ISO14001 ……………………142
ISO26000 ……………………99
JIT（Just in Time）…………30
Magneti Marelli ……………155
Maubeuge工場 ………………116
OJT ……………………………178
QCサークル …………………185
Sandouville工場 ……………116, 154
Smartカー …………………166
SRI（Socially Responsible Investment：社会的責任投資）……101
Synergie 500プログラム ……153
ThinkPad ……………………138
VA（Value Analysis）………159
VA成果還元のルール ………161
VE（Value Engineering）……159

【あ】

アウトソーシング ……………149
天下り …………………………177
アムラックストヨタ…………28
アメリカン・モーターズ ……110
安定株主 ………………………176

【い】

一般外注先 ……………………157

【う】

ヴァレオ ………………………153, 186
ウェブチェーンファクトリー……34

【え】

エコデザイン …………………138
エナルク ………………………177
エンプロイアビリティ ………117

【お】

オーダーエントリーシステム……30
押し出し販売方式……………26
「オプティマ」サプライヤー……153

【か】

外因的環境負荷 ………………132
解体性評価 ……………………139
カスタマー・フォーカスト・チームズ（Customer-focused teams）……162

207

カスタマーフリーチョイス(CFC) ……33
価値連鎖……………………………46
稼働率………………………………42
株式の相互持ち合い ……………176
株主資本利益率(ROE)……………184
紙のカンバン………………………31
カルソニックカンセイ……………90
環境負荷…………………………132
環境保護活動……………………100
環境目標…………………………135
環境問題……………………………99
関係特殊的な設備投資…………158
関係特殊投資………………………67
監査役会…………………………184
完全カスタムオーダーシステム……33
カンバンシステム…………………30
管理された競争…………………157

【き】

機関投資家………………………184
企業委員会(comite d' entreprise)……181
企業特殊的投資……………………17
企業文化…………………………190
艤装コード…………………………33
機能的技能………………………148
規模の経済性…………………35, 157
キャリア・パス…………………190
競争優位……………………109, 114

【く】

組合組織率………………………180
クライスラー………………150, 188
グランゼコール…………………178
グリーン税制……………………130
グリーン調達……………………100
クリオ……………………………153
グローバル・アグリーメント…118
グローバルレポーターズ………124

【け】

経済合理性………………………148
系列システム……………………148
ゲスト・エンジニア……………161
原価低減活動………………………20
現場提案制度……………………185

【こ】

コア・コンピタンス……………152
コアビタシオン…………………175
工程集約度可変型のライン………80
効率的なサプライチェーン………63
コーポレート・ガバナンス……100
顧客満足度…………………………18
国有化政策………………………173
後補充方式…………………………85
コマーシャル・パーソン
　(commersial person)……………162
コンカレント・エンジニアリング…15, 147
コンセンサスによる意思決定方式……190
コンツェルン型金融集団………174
コンプライアンス………………101
混流ライン…………………………57

【さ】

サイクルタイム……………………89
在庫販売型…………………………26
最低賃金(SMIC)…………………179
サターン…………………………150
サプライチェーン…………………32
サプライヤーの交渉力……………49
サプライヤーパーク……………165
産業政策…………………………176

【し】

事業持株会社……………………175
システム・インテグレーター…152
持続可能性報告書………………100

下請システム ………………147
児童労働問題 ………………101
シトロエン …………………188
シナジー効果 ………………153
自分仕様……………………22
シムカ ………………………188
ジャパナイゼーション ……149
従業員持株制度 ……………174
終身雇用 ……………148, 181
受注生産 ………………………11
受注生産サプライチェーン…41
受動的環境政策 ……………131
需要予測……………………27
循環型社会 …………………138
情報共有型 …………………147
情報システム ………………27
情報分散型 …………………148
小ロット生産 ………………86
ジョルジュ・ベス …………115
シラク ………………………175
シンクロ納入 ………………34
新経済規制法 ………………108
人権尊重 ……………………100
人事異動 ……………………148
「信頼」と「契約」…………64

【す】

垂直統合型組織 ……………71
スコア(SCORE：Supplier Cost Reduction Effort)………………150
スタハノフ運動（社会主義国における競争・創意工夫に基づく生産性向上運動）………………115

【せ】

生産計画………………………27
生産の平準化 ………………24
制度間の相互補完性 ………148

製品アーキテクチャ…………41
製品開発のリードタイム ……147
製品差別化……………………49
製品の多様性…………………20
製品のライフサイクル・アセスメント（LCA）………………132
積極的環境政策 ……………131
セドリック …………………153
セル生産方式…………………78
全体最適行動…………………95
専門経営者 …………………182

【た】

多品種少量生産………………18
タブロー・ド・ボール(tableaux de bord) ………………185
タルボ ………………………188
単価決定通知書 ……………159
単層型取締役会 ……………107
団体協約(convention collective)………180
タンデム(Tandem) …………150

【ち】

チーフエンジニア(CE) ……16
中間組織 ……………………148
長期取引慣行 …………66, 158

【て】

ティーノ ……………………153
低価格車 ……………………114
デイリー変更…………………29
デザイン・イン ……………194
デザイン・トゥ・コスト(design to cost) ………………153
デルファイ …………………155
「電子」カンバン ……………31
電子商取引(EDI) ……………12
デンソー………………………78

209

【と】

同族企業	182
ドーフィーヌ (Dauphine)	110
トヨタ	54
トヨタ生産方式	191
取引費用	147
トリプルボトムライン	105

【な】

内因的環境負荷	132

【に】

二層型取締役会	107
日産	75
日産180	44
日産ディーゼル	52

【ね】

ネオン	150
値引き慣行	25
値引き交渉	22
年功序列	148, 181

【の】

ノウハウ・データベース	15

【は】

バカロレア	178
パナール	188
バランス・スコアカード	185
バリューチェーン	102
販売機会損失	46
販売奨励金	48
汎用部品	84

【ひ】

ピエール・ドレフュス	115
比較優位	148
ビステオン	155
ビルド・ツー・オーダー (BTO)	64
ビルボルド工場	116

【ふ】

複社発注	157
プジョー	182
部品共通化活動	21
部品内製率	71
部品納入内示表	31
部分最適行動	95
ブラックボックス部品	153
プラットフォーム・チーム方式	150
プラトー・デュ・プロジェ (plateau du projet)	153
フランス経営者評議会 (CNPE)	179
ブランド価値	101
フルライン戦略	18
プロジェクト・マネジャー	154
プロダクト・ライフサイクル	78
ブロック分割型方式	79
プロフィット・シェアリング	160
プント	151
文脈的技能	147

【へ】

変動リスク	75

【ほ】

方針管理	185
法定労働時間	178

【ま】

マーチ	153
マスキー法	132
マツダ	34

【み】

見込み生産	23

索 引

ミッテラン …………………………175
三菱自動車…………………………33

【も】

モジュール・サプライヤー……………92
モジュール化 ………………………164
モジュラー化 ………………………51
持株会社制度 ………………………184
ものづくりの競争力 …………………189

【ゆ】

優良外注先 …………………………157

【ら】

ラダ …………………………………112

【り】

リーン ………………………………149
利益参加制度 ………………………181
リサイクル …………………………138
リサイクル率 ………………………139
利潤極大化 …………………………173
リスク・プロフィットシェアリング……63
リスクプレミアム……………………75
立地選択 ……………………………114

リバース・エンジニアリング …………194
リバイバルプラン ……………………155
量変動対応の生産システム……………79

【る】

ルイ・シュバイツァー ………………111
ルノー ………………………………99
ルノー9（Renault 9）………………110
ルノー11（Renault11）………………110
ルノー12（Renault12）………………112
ルノーサムソン自動車 ………………103

【れ】

レイモンド・レヴィ …………………116
レーダー・ダイアグラム ……………156
レピュテーション……………………101

【ろ】

労働総同盟（CGT）…………………180
ロガン（Logan）……………………111
ロケイト・ツー・オーダー（LTO）……64

【わ】

ワークシェアリング …………………178

＜著者紹介＞

黒川　文子（くろかわ　ふみこ）
獨協大学経済学部教授
東京外国語大学外国語学部スペイン語学科卒。
青山学院大学大学院国際政治経済研究科国際ビジネス専攻修士課程修了。
慶應義塾大学商学研究科経営学・会計学専攻後期博士課程単位取得。
1995年度国際ビジネス研究学会学会奨励賞受賞。
日仏経営学会常任理事。
経営関連学会協議会，評議員。
博士（経営学・明治大学）2005年1月。
著書　『製品開発の組織能力－国際自動車産業の実証研究－』中央経済社，2005年。
　　　『比較経営論』（共著，高橋俊夫監修）税務経理協会，2004年。
　　　『自動車産業のゆくえ』（スティーブ・バーネット編，共訳）採流社，1994年。
　　　『ボルボの経験－リーン生産方式のオールタナティブ－』（クリスチャン・ベリグレン著，丸山恵也共訳）中央経済社，1997年。
共同論文（John F. Odgers）：「Global Strategy of Design and Development by Japanese Car Makers－From the Perspective of the Resource－Based View－」Best Papers Proceedings 1997 of the Association of Japanese Business Studies (AJBS), 1997.
論文　「Critical Success Factors in Different Types of New Product Development in Japan」7 th IFSAM Proceeding in CD-ROM, 2004.
論文　「Coordinating Supply Chains by Controlling Operating Rate in Car Industry」8 th IFSAM Proceeding in CD-ROM, 2006.
その他多数。

著者との契約により検印省略

平成20年3月15日 初版第1刷発行 **21世紀の自動車産業戦略**

著 者	黒 川 文 子	
発 行 者	大 坪 嘉 春	
印 刷 所	税経印刷株式会社	
製 本 所	株式会社 三森製本所	

発 行 所 東京都新宿区下落合2丁目5番13号 株式会社 税務経理協会
郵便番号 161-0033　振替 00190-2-187408　電話(03)3953-3301(編集部)
FAX(03)3565-3391　　　　　　　　　(03)3953-3325(営業部)
URL　http://www.zeikei.co.jp/
乱丁・落丁の場合はお取替えいたします。

Ⓒ 黒川文子 2008　　　　　　　　　Printed in Japan

本書の内容の一部又は全部を無断で複写複製（コピー）することは，法律で認められた場合を除き，著者及び出版社の権利侵害となりますので，コピーの必要がある場合は，予め当社あて許諾を求めて下さい。

ISBN978-4-419-05058-0　C1034